ISSN 0365-6470

ABHANDLUNGEN DER SÄCHSISCHEN AKADEMIE
DER WISSENSCHAFTEN ZU LEIPZIG

Mathematisch-naturwissenschaftliche Klasse
Band 55 · Heft 5

BEITRÄGE ZUR KOMPLEMENTARITÄT

HERAUSGEGEBEN VON
WOLFGANG BUCHHEIM

AKADEMIE-VERLAG · BERLIN
1983

ABHANDLUNGEN DER SÄCHSISCHEN AKADEMIE DER WISSENSCHAFTEN ZU LEIPZIG

Mathematisch-naturwissenschaftliche Klasse

Band 49

Heft 1 Dr. Ernst-Gerhard Mahn, **Vegetationsaufbau und Standortverhältnisse der kontinental beeinflußten Xerothermrasengesellschaften Mitteldeutschlands**
1965. 138 Seiten — 24 Abbildungen, davon 20 auf 8 Kunstdrucktafeln — 37 Tabellen 4° — M 30,60

Heft 2 Prof. Dr.-Ing. Dr. h. c. Kurt Schwabe, **Elektroenergie und Brennstoffelemente**
1966. 19 Seiten — 13 Abbildungen — 8 Tabellen — 4° — M 4,20

Heft 3 Prof. Dr. Dr. h. c. Maximilian Klinkowski, **Die Phytoalexin-Theorie von K. O. Müller**
1966. 23 Seiten — 15 Abbildungen — 4° — M 3,70

Heft 4 Felix Lampadius und Dankward Bockmann, **Erfahrungen zur Abwehr von chronischen Rauchschäden mit waldbaulichen Mitteln im westsächsischen Hügelland**
1967. 20 Seiten — 9 Abbildungen auf 4 Kunstdrucktafeln — 11 Tabellen — 4° — M 3,50

Heft 5 **Internationales Symposium Brennstoffelemente, Dresden, 29. 3.—1. 4. 1967**
Herausgegeben von Prof. Dr.-Ing. Dr. h. c. Kurt Schwabe unter Mitarbeit von Dr. E. Winkler
1968. 366 Seiten — 228 Abbildungen — 40 Tabellen — 4° — M 48,—

Band 50

Heft 1 Prof. Dr. Peter Friedrich Matzen, **Probleme der operativen Skoliosenbehandlung**
1968. 26 Seiten — 29 Abbildungen — 4° — M 9,50

Heft 2 Dr. Oskar Intrau, **Kompositionstafeln quaternärer quadratischer Formen**
1970. XXIV, 121 Seiten — 4° — M 16,20

Heft 3 Felix Lampadius, **Der Burkhardtswald bei Aue als klassisches Beispiel waldbaulicher Rauchschadenabwehr**
1969. 24 Seiten — 1 Faltkarte — 6 Tabellen — 4° — M 4,50

Heft 4 Dr. habil. Günter Sachse, **Die Reinigung radioaktiv kontaminierter Abwässer durch Kontaktenthärtung und Ionenaustausch**
1971. 132 Seiten — 91 Abbildungen, davon 60 auf 23 Kunstdrucktafeln — 67 Tabellen 4° — M 26,—

Band 51

Heft 1 **Beiträge zur Chemie und Technologie der Brennstoffe**
Gedenkschrift für Prof. Dr. techn. habil. Anton Lissner
Herausgegeben von Prof. Dr.-Ing. Dr.-Ing. eh. Erich Rammler
1971. 146 Seiten — 1 Titelbild — 57 Textabbildungen, davon 6 auf 3 Tafeln — 35 Tabellen — 4° — M 26,—

Heft 2 Dr. Günter Herrmann, **Beiträge zur Bestimmung von Schwefeldioxid in der Atmosphäre und Herstellung von Schwefeldioxid-Luft-Gemischen**
1971. 179 Seiten — 74 Abbildungen, davon 13 auf 10 Kunstdrucktafeln — 41 Tabellen 4° — M 29,—

ISSN 0365 - 6470

ABHANDLUNGEN DER SÄCHSISCHEN AKADEMIE DER WISSENSCHAFTEN ZU LEIPZIG

Mathematisch-naturwissenschaftliche Klasse
Band 55 · Heft 5

BEITRÄGE ZUR KOMPLEMENTARITÄT

HERAUSGEGEBEN VON
WOLFGANG BUCHHEIM

Mit 6 Abbildungen

AKADEMIE-VERLAG · BERLIN

1983

Ergebnisse von Rundgesprächen der mathematisch-naturwissenschaftlichen Klasse über Komplementarität zwischen dem 14. Januar 1977 und dem 7. Mai 1982
Manuskript eingereicht am 26. April 1982
Druckfertig erklärt am 27. April 1983

Erschienen im Akademie-Verlag, DDR-1086 Berlin, Leipziger Straße 3—4

Lizenznummer: 202 · 100/084/83
Printed in the German Democratic Republic
Gesamtherstellung: VEB Druckhaus „Maxim Gorki", 7400 Altenburg
LSV 1115
Bestellnummer: 763 204 8 (2025/55/5)
DDR 10,— M

INHALT

VORWORT

Die mit dem Folgenden veröffentlichte Reihe von Aufsätzen ist der Niederschlag eines in der mathematisch-naturwissenschaftlichen Klasse der Sächsischen Akademie der Wissenschaften anläßlich des 50-Jahr-Jubiläums der Quantenmechanik (1975) [1] eingeleiteten interdisziplinären Rundgesprächs über die Komplementarität [13] nach NIELS BOHR in heutiger Sicht. Ziel dieser Diskussionsfolge war der Versuch abzutasten, wie weit dieser Begriff außerhalb der Physik tatsächlich anwendbar geworden ist und ob die Überzeugung Bohrs sich bestätigt findet, Komplementarität sei ein universeller Zug von Naturbeschreibung über die eigentliche Physik hinaus und womöglich sogar außerhalb der Naturwissenschaften bei geeigneter Definition noch auffindbar und hilfreich [2 bis 5]. Die Sächsische Akademie der Wissenschaften erschien den Initiatoren dieses Vorhabens wegen ihres breiten multidisziplinären Spektrums als Forum besonders geeignet. Hierbei war zunächst an eine Beschränkung auf die in der math.-nat. Klasse vertretenen Disziplinen gedacht, aber eine Beteiligung auch anderer für potentiell möglich gehalten worden. Faktisch haben sich an dieser über mehrere Jahre erstreckenden Diskussion folgende Einzeldisziplinen beteiligt: Physik, Geophysik, physikalische Chemie, Chemie, Mathematik, Geographie, Geologie, Hydrologie, Zoologie, Physiologie, Mikrobiologie, Ökologie und innere Medizin. An schriftlichen Beiträgen wurden insgesamt 10 eingereicht, nämlich von Vertretern der Physik (4), der Physiologie (2), der Ökologie (1), der Mikrobiologie (1), der Geographie (1) und der inneren Medizin (1).

Zur Einführung des Komplementaritätsbegriffes durch NIELS BOHR in die Atomphysik, seine spätere Erweiterung durch LOUIS DE BROGLIE und zu dem hiermit verbundenen Übertragungsproblem sei zunächst folgendes vorausgeschickt:

Wie allgemein bekannt, war das Jahr 1975 für die physikalischen Wissenschaften ein Gedenkjahr in doppelter Hinsicht [1]. Damals vor 75 Jahren entdeckte MAX PLANCK das Wirkungsquantum, jene neue, zunächst auch für Physiker schwer zu begreifende Naturkonstante von der Dimension Energie mal Zeit oder Drehimpuls. Es dauerte ziemlich genau 25 Jahre, bis sich ein tieferes Verständnis dieser Größe als eines universellen Schlüssels für die Tür der atomaren Welt mit der Aufstellung einer rationellen „Quantenmechanik" durch WERNER HEISENBERG [6], MAX BORN [7] und ERWIN SCHRÖDINGER [8] um 1925 dokumentierte. Diese neuartige, das Wirkungsquantum in seiner endlichen Größe berücksichtigende Abänderung und Erweiterung der klassischen Mechanik konnte nur aufgrund der jahrelang vorausgehenden, mühevollen Aufbereitung der atom-physikalischen Problematik durch NIELS BOHR und ARNOLD SOMMERFELD einerseits und der genialen Prognose der „Materiewellen" durch LOUIS DE BROGLIE andererseits formuliert werden. Diese Weiterbildung der Mechanik zeigte zugleich eine — von vielen heute für definitiv gehaltene — Grenze der klassisch-physikalischen Beschreibbarkeit alles mikrophysikalischen Geschehens auf, aber auch Perspektiven eines erweiterten, möglicherweise über die anorganische Welt hinausgreifenden neuen Naturverständnisses. Besonders NIELS BOHR machte sehr bald, etwa ab 1927, auf diesen Aspekt der Quantenmechanik in verschiedenen Vorträgen und Artikeln [2, 3] immer wieder aufmerksam. Der hierbei als Angelpunkt auftretende Begriff war die — von ihm so genannte — „Komplementarität" zwischen gewissen physikalischen Größen, Meßmethoden und Beschreibungsweisen, ein zunächst also rein physikalisch zu verstehender Terminus [14].

Was BOHR zur Einführung dieses neuen, etwas schillernden und zunächst hauptsächlich heuristisch gemeinten Begriffs veranlaßte (s. hierzu den Beitrag von H.-G. SCHÖPF), war die Einsicht, daß sowohl reale Struktur der Atome und ihre Wechselwirkung mit Strahlung aller Art mit den bekannten Bildern und Begriffen wie Zeit, Ort, Teilchen, Impuls, Energie einerseits als auch elektromagnetisches Wellenfeld mit Frequenz, Wellenlänge und Strahlungsintensität andererseits sich nicht mehr restlos und widerspruchsfrei beschreiben lassen. Eine entscheidende Rolle spielte hierbei auch der eigenartige Zug von Ganzheit, wie er sich beim „Schalenbau" der Atomhülle durch das PAULI-Prinzip äußerte, aber auch das nur statistisch beschreibbare Verhalten atomarer Objekte bei Ausstrahlungsvorgängen jeder Art. Durch die Entdeckung der natürlichen Radioaktivität durch BECQUEREL 1896 sah sich bekanntlich die Physik erstmalig veranlaßt, einen Begriff aus der Biologie, nämlich die „mittlere Lebensdauer", zu entlehnen. EINSTEINS neue Ableitung der PLANCKschen Strahlungsformel von 1907 benutzte BOHRS „stationäre Zustände", die klassisch unverständlich waren, und statistische Kenngrößen statt deterministische, wie die „Übergangswahrscheinlichkeiten" zwischen diesen Zuständen. Die berühmten „BOHRschen Postulate" verknüpften indessen weiterhin Eigenschaften der Wellenstrahlung (wie Frequenz) mit Eigenschaften von Teilchen (wie Energie). Die stationären Zustände der Atome wurden teilchenmechanisch nach SOMMERFELDS Regeln festgelegt. Beides war nur durch Vermittlung des PLANCKschen Wirkungsquantums möglich, das hier wie stets eine eigentümliche Brückenstellung einnahm. Die Erfolge dieses Vorgehens zeigten, daß die o. g. Begriffe der Klassik nicht völlig unbrauchbar waren, sondern nur gewisser „Gebrauchsanweisungen" bedurften, um das Ganzheitliche der Atome in Wechselwirkung z. B. mit Licht im Prinzip wieder richtig wiederzugeben. Hier liegt der eigentliche Ursprung des BOHRschen, zunächst streng auf Atomphysik beschränkten Komplementaritätsbegriffes. BOHR zog diese Bezeichnung schließlich einer — lange erwogenen — „Reziprozität" vor, weil es ihm in erster Linie um den Ergänzungscharakter dieser Zusammenfügungen ging.*)

Letzten Endes erwies sich die Komplementarität nach BOHR in der Atomphysik bei passender Zusammenfassung der sich „komplementär" gegenübertretenden physikalischen Parameter als praktisch gleichbedeutend mit einem Dualismus von Kontinuum und Diskontinuum in der Mikrophysik, genauer gesagt von „Materie als Feld" [9] und von „Materie als Elementarakt". Dieser Dualismus schließt den vielzitierten Dualismus von „Wellen und Teilchen" nach DE BROGLIE [10] mit ein, ohne aber mit ihm identisch zu sein, wie landläufig, aber irrtümlich, meist angenommen wird.

Was nun die Begründung der Quantenmechanik 1925/26 zweifellos zeitigte, war u. a. die Präsentierung einer über die Physik weit hinausreichenden, gewissermaßen

*) Vom heutigen Standpunkt aus wäre Reziprozität vielleicht sinnvoller gewesen, weil hiermit die mathematische Situation besser zum Ausdruck gebracht wird. Vgl. hierzu den Beitrag von W. BUCHHEIM, S. 56.

interdisziplinären — besser gesagt „überdisziplinären" — Neufassung und Präzisierung des alten, etwas verschwommenen Begriffs „Komplement" bzw. „Komplementierung". Zumindest wird ein Anstoß gegeben, zahlreiche Komplementbegriffsbildungen, die sich in den Einzeldisziplinen außerhalb der Physik vorfinden, einer kritischen Sichtung, Ordnung und Überprüfung im Sinne der von BOHR geprägten Komplementarität zu unterwerfen und nach neuen, noch nicht als echte Komplementaritäten identifizierten Beziehungen Ausschau zu halten. Hierin darf man vielleicht, mindestens potentiell, eine der weitestreichenden Auswirkungen des Durchbruchs in der Physik zur „Quantenphysik" auf das allgemeine wissenschaftliche Denken sehen. BOHR selbst sah in der Komplementarität nicht nur einen Zug physikalischer Weltbeschreibung, der sich plötzlich und überraschend in der Atomphysik gezeigt hatte, sondern schließlich einen solchen der wissenschaftlichen Erkenntnis überhaupt, weit über die Naturwissenschaften hinaus. Er gab hierfür eindrucksvolle Beispiele aus anderen Bereichen der Wissenschaft und des geistigen Lebens an, z. B. aus Physiologie, Psychologie bis hin zur Religion. Für ihn war die physikalische Komplementarität nur ein spezieller Fall einer viel allgemeineren, die mit der Existenz des Wirkungsquantums, zumindest erkennbar, nichts zu tun hat.*) In der Tat lassen sich die Wurzeln seines Komplementaritätsbegriffes als eine Art „dialektische Einheit" in Erkenntnistheorie und Geschichte der Philosophie über KANT, LEIBNIZ und NICOLAUS CUSANUS bis zu ARISTOTELES und PLATO zurückverfolgen [12], ohne daß natürlich von einer quantifizierten Fassung die Rede sein kann und Abgrenzungen gegen Komplementierungen beachtet worden wären. In der Philosophie ist das Thema als ein dialektisch-verbales jedenfalls alt. BOHR aber sah in der Komplementarität [13] einen universellen Zug von *Wirklichkeit* und nicht nur von Nachdenken, und diese Sicht lag den Gesprächen, über deren Ergebnis hier berichtet werden soll, als Arbeitshypothese von vornherein zugrunde.

Aufgehalten, z. T. vielleicht sogar verhindert, wurde die o. g. Sichtung und Ausschau freilich durch die bekannten Meinungsverschiedenheiten über die Deutung des „quantenmechanischen Formlismus", die mit der neuen Auffassung aller observablen Größen als *Operationen* nach SCHRÖDINGER [18] verbunden sind, unter den Physikern selbst, insbesondere was die „Kopenhagener Schule" anlangt. Mit dieser Operator-Auffassung ist zwar die Rolle von h präzisiert und automatisiert, h aber natürlich nicht eliminiert worden. Es erübrigte sich nun lediglich, von Komplementarität noch expressis verbis zu sprechen. Das leistete dem Irrtum Vorschub, sie habe sich sogar für die Atomphysik wieder „erledigt". Die von BOHR aufgezeigte Situation außerhalb der Physik ist völlig unverändert, nur das von ihm meisterhaft geübte Jonglieren mit einem etwas schillernden flexiblen Begriff zu heuristischen Zwecken hat sich für die Atomphysik überlebt. Ungeachtet dieser Divergenzen, die ihre Wurzeln zutiefst im Philosophisch-Erkenntnistheoretischen haben, sollte man den von BOHR gegebenen Hinweisen noch immer — oder gerade wieder! — folgen, weil ihre Aktualität in Wahrheit durch eine Art Separatfrieden auf dem Boden der Physik nur verdeckt, aber nicht aufgehoben worden ist.

Wegweisend in dieser Hinsicht ist die „Transformation" der BOHRschen Komplementarität in eine solche von „Individualität und Wechselwirkung" nach DE BROGLIE [11], weil dieses Begriffspaar weit über die Physik hinaus Gültigkeit behält, das Komplemen-

*) A. LÖSCHE weist in seinem Beitrag auf ein bekanntes Beispiel für Komplementarität ohne Wirkungsquantum in der klassischen Physik hin.

taritätsproblem aber damit explicite vom Wirkungsquantum gelöst wird und bis in makroskopische Bereiche hinein seinen Sinn behält. Nach DE BROGLIE erscheinen Individualität von Teilen und deren Gesamtheit, wenn diese zu einem Ganzen zusammentreten, als komplementär, wenn dieser Zusammentritt mit quantenphysikalisch zu beschreibender Wechselwirkung verbunden ist. Maximale Kenntnis der individuellen Züge („Strukturen") eines Ganzen ist mit Wechselwirkungen unvereinbar. Umgekehrt wird beim Zusammentritt von Teilsystemen zu einem Gesamtsystem („Ganzen") notwendig der maximal erzielbare Gewinn an Information über diese Teile um so geringer, je umfassender und stärker die Wechselwirkungen sind, die jenes Ganze bedingen. Also nur zunehmend isolierte (aus ihrer „Wechselwirkungs-Umwelt" herausgelöste) „Teile" sind beliebig genau analysierbar („beschreibbar"), im Extremfall nur temporär und um den Preis ihrer eigenen völligen Desintegration zu Elementarteilchen. Treten aber umgekehrt solche noch individualisierbare „Bausteine" durch Wechselwirkungen, gleichviel welcher Art, zu einem Ganzen zusammen (wie z. B. Atome zu einem Molekül oder Kristallgitter, Moleküle zu Genen usw., schließlich lebende Zellen zu Organismen), so geht nach DE BROGLIE ihre Kennzeichenbarkeit, im Einzelfall sogar ihre Individualität (Unterscheidbarkeit) verloren. Dafür weist aber das entstehende Ganze neue, den Teilen nicht inhärierende Züge und aus ihren Attributen nicht erklärbare Eigenschaften als Folge der Wechselwirkungen auf.

In der DE BROGLIEschen Fassung scheint die BOHRsche Komplementarität weit über das mikrophysikalische Geschehen hinauszureichen. Das Wirkungsquantum tritt als limitierende Größe wie sonst überall in der eigentlichen Mikrophysik explicite nicht mehr in Erscheinung. „Teil" und „Ganzes" bilden dafür ein neues, quasidialektisches, im Verhältnis der Komplementarität zueinander stehendes Begriffspaar. So verallgemeinert müßte Komplementarität sich nämlich von den „Elementarteilchen" der Kernphysik und ihren Verbundsystemen, den Atomkernen, über die Chemie, die Kristall- und Molekularphysik, Biophysik, Biochemie, Physiologie, Biologie, Ökologie usw. bis in die Medizin, Psychologie, Soziologie, Verhaltensforschung usw. auswirken, ohne daß noch die Spur des Wirkungsquantums h erkennbar wäre.

Diese Sicht eröffnet weite überdisziplinäre Perspektiven, wie BOHR selbst mehrfach, meist in kurzen Aperçus, angedeutet hat. Manche sprechen daher von der Komplementarität als einer neuen „Denkstruktur" [5]. Andere wollen sie nur als neue „Erkenntnisform", als Kategorie wissenschaftlicher Beschreibung gelten lassen, womit ihr physikalisch-objektiver, letzten Endes durch h verbürgter Kern völlig verloren geht und sie dann leicht in den Geruch des nur Subjektiven, Verbalen gerät: Komplementarität als eine Weise, über Dinge zu reden. Das ist sie aber auf dem Boden der *Physik gerade nicht*, und das Anliegen der Gespräche, deren Quintessenz im Folgenden vorgelegt wird, war es gerade, zu untersuchen, ob das auch außerhalb ihrer Mutterwissenschaft noch gilt.

Bei einem solchen Vorhaben treten natürlich sehr ernste Schwierigkeiten auf, die zwar die Physik unter Einschränkung auf ihren ureigenen Geltungsbereich gemeistert hat, die sich aber sofort wieder einstellen, wenn die Grenzen der Anwendbarkeit von Mathematik über elementare Statistik hinaus überschritten werden. Es muß dann auf die *verbale* Ebene zurückgekehrt werden, auf der ja auch BOHR zunächst hatte beginnen müssen. Vor allem muß eine *überdisziplinär* anwendbare verbale *Definition* von Komplementarität gefunden werden, die es gestattet, zahlreich überall auftretende, mehr oder minder triviale Komplementationen von vornherein auszuscheiden und echt komplementäre Zusammenhänge im Sinne BOHRS aufzufinden, auf die die charakteristische gegenseitige Einschränkung in der Schärfe von Aussagen (im Sinne der HEISENBERGschen Unschärferelation) zutrifft.

Als neue, rein verbal gefaßte, überdisziplinär verwendbare Definition der Komplementarität hat sich die folgende bewährt: *komplementär* im erweiterten Sinne nach BOHR sollten *Aspekte, Informationen, Methoden, Ordnungen* bzw. *Beschreibungen objektivierbarer Wahrnehmungen, Reaktionen* bzw. *Verhaltensweisen von Dingen einschließlich Lebewesen* genannt werden, wenn

1. eine *ershöpfende* Kennzeichnung *nur auf mindestens zwei* sich ergänzende Weisen durch Bilder, Begriffssysteme oder „Sprachen" im erweiterten Sinne des Wortes erfolgen kann (Unvollständigkeit komplementärer Kennzeichnungen, sprachphänomenologische Seite der Komplementarität),
2. die subjektiven oder objektiven Wahrnehmungsbedingungen, unter denen die Kennzeichnung in *einer* dieser Sprachen erst möglich wird, jeweils durch die *andere nicht oder nur unvollkommen* erfüllt werden können (wechselseitige Ausschließlichkeit für die Erkenntnisvoraussetzungen für komplementäre Kennzeichnungen, *ontologiche* Seite der Komplementarität).

Diese Definition wurde dem Begriff Komplementarität bei den Diskussionen zugrundegelegt, über deren Resultate in den folgenden Beiträgen berichtet wird.

Freiberg, April 1982 WOLFGANG BUCHHEIM

Literatur

[1] SCHMUTZER, E. (Hrsg.): 75 Jahre Plancksches Wirkungsquantum — 50 Jahre Quantenmechanik. Nova Acta Leopoldina Supplementum Nr. 8, Bd. 44 (1976).

[2] BOHR, N.: Atomtheorie und Naturbeschreibung. Julius Springer, Berlin 1931.

[3] BOHR, N.: Kausalität und Komplementarität. Erkenntnis 6 (1936), 293—303.

[4] BOHR, N.: Atomphysik und menschliche Erkenntnis. Friedrich Vieweg & Sohn, Braunschweig 1958.

[5] UNSÖLD, A.: Evolution kosmischer, biologischer und geistiger Strukturen. Wissenschaftliche Verlagsges., Stuttgart 1981.

[6] HEISENBERG, W.: Die physikalischen Prinzipien der Quantentheorie. 2. Aufl. S. Hirzel, Leipzig 1941.

[7] BORN, M., und P. JORDAN: Elementare Quantenmechanik. Julius Springer, Berlin 1930.

[8] SCHRÖDINGER, E.: Abhandlungen zur Wellenmechanik. 2. Aufl. Johann Ambrosius Barth, Leipzig 1928.

[9] HUND, F.: Materie als Feld. Springer, Berlin—Heidelberg 1954.

[10] DE BROGLIE, L.: Recherches sur la théorie des quanta. Ann. de Phys. Sér. 10, 2 (1925), 22—128.

[11] DE BROGLIE, L.: Die Elementarteilchen. Individualität und Wechselwirkung. H. Goverts Verlag, Hamburg 1943.

[12] RUDOLPH, E.: Komplementarität als Problem der Erkenntnistheorie. Vortrag, Berlin-Weißensee 1982.

[13] KLAUS, G., und M. BAHR (Hrsg.): Philosophisches Wörterbuch. Bd 1. 12. Aufl. VEB Bibliographisches Institut, Leipzig 1976, S. 621: Komplementaritätsprinzip und S. 658: Korpuskel-Welle-Dualismus.

[14] HOLTON, G.: Zur Genesis des Komplementaritätsgedankens. In: Suhrkamp-Taschenbuch Wissenschaft Nr. 293, S. 144—202. Suhrkamp 1981.

DAS BOHRSCHE KOMPLEMENTARITÄTSKONZEPT IM HISTORISCHEN KONTEXT DER PHYSIKALISCHEN IDEEN

von

HANS-GEORG SCHÖPF

Das Komplementaritätsprinzip ist ein Sprößling der physikalischen Moderne. Genauer gesagt, es ist ureigene Schöpfung von NIELS BOHR[1]). Aber der hat hier nichts Fertiges, ein für alle Mal in klaren Worten Definiertes geschaffen, sondern sich gleichsam eine begriffliche Waffe hergestellt, die er in seinem unablässigen geistigen Kampf um das Verständnis der frappierenden Novitäten der neuen Physik immer wieder, aber in durchaus unterschiedlichem Kontext einsetzte. Und so bietet sich uns BOHRS Komplementaritätsbegriff etwas schillernd dar, fließend in seiner Bedeutung.[2])

Weitgehend überschneidet er sich mit einem anderen Begriff, an den er sofort erinnert und dessen Bedeutung ebenfalls nicht ganz unmißverständlich ist. Wir meinen den sogenannten Dualismus von Welle und Korpuskel. Anfang des 19. Jahrhunderts schien in der Optik die Undulationskonzeption den Sieg über die Emanationstheorie errungen zu haben. Denn jene erbrachte, was diese verweigerte: eine zwanglose Erklärung der Beugungs- und Interferenzexperimente. In Abb. 1 haben wir das einfachste schematisch dargestellt. Paralleles monochromatisches Licht trifft von links auf einen Spalt der Breite d, wo eine Auffächerung in Bündel jeglicher Richtung stattfindet, von denen jedes auf der Brennebene einer Linse einen nach Maßgabe der obwaltenden Gangunterschiede mehr oder minder hellen Punkt hervorruft. Die gesamte Intensitätsverteilung wurde in der Abb. 1 rechts angedeutet. Sie weist insbesondere auch Stellen völliger Dunkelheit auf.

Überraschenderweise stellte nun EINSTEIN in seiner berühmten Arbeit vom März 1905 wieder den korpuskularen Aspekt des Lichts als „einen heuristischen Gesichtspunkt" zur Diskussion. Er ging dabei von der schwarzen Wärmestrahlung aus, und zwar von der WIENschen (nota bene vor-PLANCKschen) Spektralformel. Innerhalb ihres Gültigkeitsbereichs, so stellte EINSTEIN fest, verhält sich die Strahlung eines Frequenzbandes $(\nu, \nu + d\nu)$ „so, wie wenn sie aus voneinander unabhängigen Energiequanten von der Größe"

$$\varepsilon = h\nu \tag{1}$$

„bestünde", (wobei h das Plancksche Wirkungsquantum ist).[3]) Obwohl zunächst nur „in wärmetheoretischer Hinsicht" ein solch quasikorpuskulares Verhalten nahegelegt wird, meint EINSTEIN doch sogleich, es auch auf ganz anderem Felde wiederzufinden, bei der Photolumineszenz, dem Photoeffekt an Metallen, der Photoionisation in Gasen. Dieser geniale Gedankensprung führte tatsächlich an ein neues Ufer, wie insbesondere

[1]) Die einschlägigen Publikationen von NIELS BOHR sind zusammengestellt in [1].

[2]) Eine zusammenfassende Diskussion von BOHRS Interpretation der Quantenmechanik ("a chapter on its own") findet sich in [2].

[3]) vgl. [3]

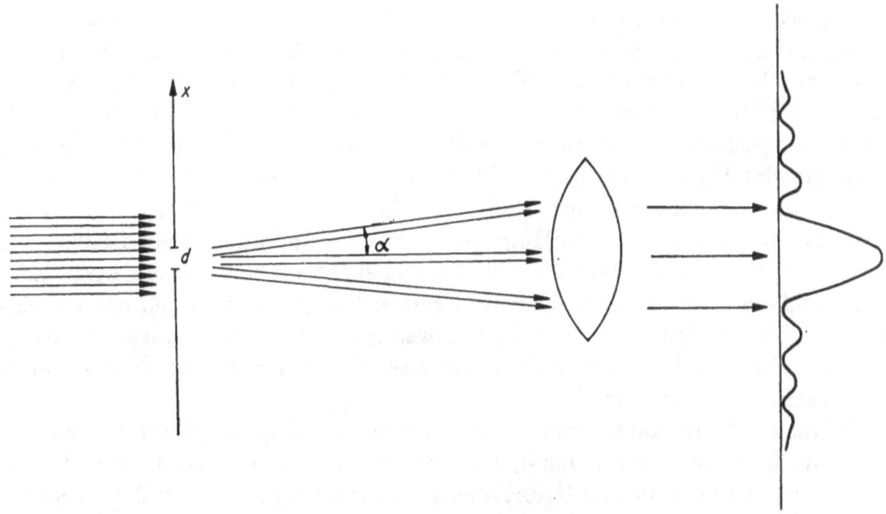

Abb. 1. Beugung am Spalt. Der Übersichtlichkeit halber wurden außer dem direkten Licht nur die Bündel eingezeichnet, die zu den ersten Beugungsminima führen

die 1922/23 entdeckte COMPTON-Streuung von elektromagnetischer Strahlung an Elektronen zeigte. Der fragliche Effekt erfolgt nämlich so, als ob Lichtteilchen beim Stoß mit Elektronen den Erhaltungssätzen gemäß Energie und Impuls austauschen. Letzterer ergibt sich für ein Photon in Ergänzung von (1) zu

$$\boldsymbol{p} = h\boldsymbol{k}/2\pi, \tag{2}$$

(wobei der Wellenvektor $\boldsymbol{k}$ in Ausbreitungsrichtung weist und mit der Wellenlänge λ durch $k = 2\pi/\lambda$ verknüpft ist).

Eine komplette Theorie der elektromagnetischen Strahlung muß sich sowohl über „die Erzeugung und Verwandlung des Lichts“ als auch über seine Ausbreitung erklären. Die klassische MAXWELLsche Feldtheorie ist in einem solchen Sinne komplett, und man kann ihr eine ebenso vollständige klassische Korpuskulartheorie gegenüberstellen. Die Natur indessen — so sieht es nach dem Gesagten aus — folgt nicht einer dieser beiden Möglichkeiten, sondern der ersten, was die Fortpflanzung des Lichts, der zweiten, was seine Wechselwirkung mit anderer Materie betrifft. Wellenbild und Teilchenbild werden somit „komplementäre“ Konzeptionen in dem Sinne, daß sie einander ausschließen und doch beide zur Beschreibung der kompletten Mannigfaltigkeit der Erscheinungen benötigt werden. Dementsprechend zerfällt diese Mannigfaltigkeit in komplementäre Teilmengen von Phänomenen, geometrisch-kinematischen einerseits und dynamischen andererseits. Komplementarität herrscht daher zwischen der raumzeitlichen Beschreibungsweise und den dynamischen Erhaltungssätzen für Energie sowie Impuls, oder gar zwischen der „Anordnung in Raum und Zeit und der Forderung nach Kausalität“.[4])

So in etwa reflektierte BOHR, mit seinem Komplementaritätsbegriff — welcher im Hinblick auf die letzterwähnte Formulierung sicher mißverständlich, auf jeden Fall

[4]) zitiert nach [2], S. 30

aber, wie schon gesagt, in seiner Bedeutung fließend ist — die aufsehenerregende physikalische Situation, welche Ende der 20er Jahre nun nicht mehr allein für die Lichttheorie charakteristisch war. Denn deren Grenzen hatte der Welle-Korpuskel-Dualismus inzwischen überschritten. Waren den optischen Wellenphänomenen durch EINSTEIN korpuskulare Aspekte zur Seite gestellt worden, so bewerkstelligte 1924 DE BROGLIE das Umgekehrte (um nicht zu sagen: „das Komplementäre"), indem er den historisch vorfindlichen Korpuskeln, den Elektronen u. ä., vermöge der Formeln (1) und (2) Frequenz und Wellenlänge zuordnete, — eine kühne Spekulation, die gut zwei Jahre später durch DAVISSONS und GERMERS Nachweis von Elektronenstrahlbeugung und -interferenzen experimentell gerechtfertigt wurde. Doch ohne noch eine derartige empirische Rückversicherung abgewartet zu haben, hatte mittlerweile SCHRÖDINGER die Ideen DE BROGLIES weiterentwickelt und in den wesentlichen Zügen seine „Wellenmechanik" erarbeitet.

Im Unterschied zu BOHR, dessen Komplementaritätsprinzip gewissermaßen die Bereitschaft zum Ausdruck brachte, mit dem Dualismus von Welle und Korpuskel zu leben, hatten EINSTEIN und SCHRÖDINGER damals vielmehr ein einheitliches physikalisches Weltbild im Sinne, in welchem einer jener beiden Aspekte dem anderen untergeordnet ist. So ging EINSTEIN in seiner oben zitierten ersten Arbeit über Quanten von der These aus, daß sich die optischen Wellenphänomene durch Mittelwertbildung über sehr viele korpuskulare Elementarakte ergeben. In der Tat, wenn das eingangs beschriebene Beugungsexperiment mit extrem schwachem Licht ausgeführt wird, so erscheinen — dem diskreten Wesen der Elementarakte entsprechend — auf einer die Beobachtungsebene bedeckenden photographischen Schicht ganz stochastisch Schwärzungspunkte, die, bei andauernder Belichtungszeit immer zahlreicher werdend, sich allmählich zu dem bekannten Interferenzbild zusammenzufügen. Dieser Sachverhalt bekräftigt die erwähnte These EINSTEINS, welche man sogleich in die Form bringen kann, in der sie dann später (beginnend 1926 mit der diesbezüglichen fundamentalen Überlegung von MAX BORN) eine zentrale Rolle in der Quantenphysik spielen sollte: Die Wellenfunktionen beziehen sich auf Häufigkeitsverteilungen in statistischen Ensembles.

Wäre der ursprüngliche visionäre Gedanke EINSTEINS ohne Einschränkung richtig, so würde es sich jeweils um ein Ensemble diskreter Quanten handeln. Sie hätten über das Feld gesiegt — allerdings um den Preis ihrer vollständigen Beschreibbarkeit durch die klassische Mechanik. Denn zwar werden hier deren dynamische Stoßgesetze erfüllt, aber die Ausbreitung der Quasi-Korpuskeln erfolgt offenbar nicht der NEWTONschen Bewegungsgleichung gemäß, sondern vielmehr nach statistischen Gesetzmäßigkeiten. Sie also erst komplettieren den Kodex der Quantenwelt. Wenn man so will, kann man von dieser Warte aus in zueinander komplementärer Relation nunmehr das Individuum und die Gesamtheit, den Teil und das Ganze erblicken.

Bekanntlich war das EINSTEINS Gesichtspunkt nicht. Wie er meinte, werde die objektive Realität durch statistische Gesetze nur unvollständig erfaßt, weshalb er sich sein Leben lang bemühte, hinter der ca. 1925/27 etablierten, ihrem Wesen nach statistischen Quantentheorie tiefer liegende Urgründe der Natur aufzuspüren. Allerdings leitete ihn dabei nicht mehr seine 1905 vertretene Auffassung, daß die diskreten Entitäten das Elementare seien, und durch ihre Ensemblebildung die Wellenphänomene hervorgehen. Er verfolgte nun vielmehr die dazu gleichsam duale Idee, wonach fundamental das Feld sei und sich aus einer noch zu findenden einheitlichen Theorie desselben dereinst auch die korpuskularen Aspekte irgendwie deduzieren lassen sollten — was freilich durchaus nicht gelingen wollte. In dieselbe Richtung wies die anfängliche Intention SCHRÖDINGERS, nämlich Korpuskeln im Rahmen seiner Wellenmechanik als raum-zeitliche Konzentrationen eines physikalischen Feldes zu erklären. Indessen scheitert diese Interpretation der SCHRÖDINGERschen Theorie bereits daran, daß solche konzentrierten „Wellenpakete" nicht stabil sind, sondern alsbald auseinanderfließen.

Nichtsdestoweniger spielten sie bei der weiteren Entfaltung der Komplementaritätskonzeptionen eine beträchtliche Rolle. Daher wollen wir zunächst im (eindimensionalen Modell) ein derartiges Gebilde durch FOURIER-Integration aus monochromatischen Teilwellen eines schmalen Bandes Δk aufbauen:

$$\Psi(x, t) = \int_{k_0-\Delta k}^{k_0+\Delta k} \varphi(k) e^{i(\omega(k)t-kx)} \, dk. \tag{3}$$

Hieraus kann für Zeiten t, in denen das Zerfließen noch zu vernachlässigen ist, die Intensität näherungsweise zu

$$|\Psi|^2 = 4\,|\varphi(k_0)|^2 \left(\frac{\sin(x - vt)\,\Delta k}{x - vt}\right)^2 \tag{4}$$

berechnet werden. $v = (d\omega/dk)_0$ ist die Geschwindigkeit des Wellenpakets. Als Maß für seine Ausdehnung können wir den Abstand Δx zwischen den beiden ersten Minima rechts und links vom Hauptmaximum wählen (s. Abb. 2). Dann folgt sogleich aus (4):

$$\Delta x \, \Delta k = 2\pi. \tag{5}$$

Das heißt: Je geringer die räumliche Ausdehnung Δx des Wellenpakets, je schärfer es also konzentriert ist, umso breiter ist das Band Δk der zu seinem Aufbau wesentlich beitragenden monochromatischen Wellen, also umso ausgedehnter seine FOURIER-Transformierte im k-Raum. Umgekehrt, je konzentrierter letztere ist, umso breiter ist das FOURIER-Spektrum des Wellenpakets.

Im Zusammenhang hiermit von Komplementarität zu sprechen, heißt offenbar, diesen Begriff in abermals anderer Bedeutung benutzen. Sollte er nämlich eingangs besagen, daß verschiedene Seiten eines komplexen Sachverhalts durch qualitativ einander ausschließende Bilder erfaßt werden, so haben wir es ja jetzt mit einem einzigen, in sich keineswegs widersprüchlichen Gebilde zu tun, in dessen quantitative Beschreibung reziproke Größen eingehen. Bei diesen handelt es sich nun nicht etwa um einen pointierten Ort x und um eine scharfe Wellenzahl k, wie sie für den Massenpunkt bzw. die monochromatische Welle charakteristisch sind. Denn jenes Gebilde, von dem

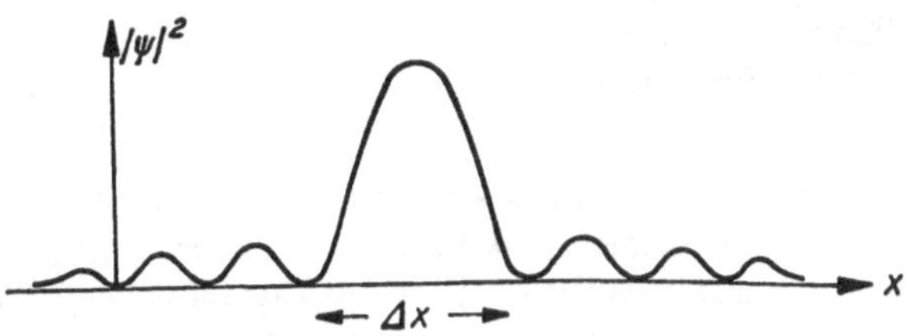

Abb. 2. Das Wellenpaket

wir hier sprechen, ist weder das eine noch das andere, sondern ein Drittes, eben das Wellenpaket. Und was dieses betrifft, so sind scharfe x- und k-Werte einfach untaugliche Begriffe. Ihm eignet vielmehr eine „Unschärfe", — in ganz anschaulicher Weise als Ausdehnung im x- und k-Raum, — deren adäquate begriffliche Widerspiegelung durch die (zueinander reziproken) Strecken Δx und Δk erfolgt.[5]) Ihre Inversen können daher als quantitatives Maß für die „Ähnlichkeit" gelten, die das Wellenpaket mit einem Punktteilchen bzw. einer monochromatischen Welle aufweist. Diese („komplementären" — im Sinne von „antithetischen" —) Begriffe werden durch das Konzept des Wellenpakets offenbar nach HEGELschem Vorbild dialektisch „aufgehoben", d. h. einesteils negiert, andernteils in der Synthese mehr oder minder aufbewahrt, wobei hier dieses Mehr-oder-Minder mittels der Größen Δx, Δk quantifiziert ist.

Nun zeichnen freilich diese unsere Ausführungen nur ein Modell für die „Aufhebung" per klassischen durch die moderne Physik, kann doch für deren Objekte das Wellendaket bestenfalls als eine Metapher dienen, die ganz im klassischen Begriffsgefüge verbleibt.

Gesprengt wird dessen Rahmen dagegen, wenn man die Beziehung (5) mittels (2) „übersetzt". Es erscheinen dann die HEISENBERGschen Unschärferelationen[6])

$$\Delta x \, \Delta p_x = h, \tag{6}$$

und sie spielen in BOHRS Komplementaritätsdoktrin eine tragende Rolle. Allerdings ist der Schritt von (5) nach (6) eher eine Transliteration als eine sinngemäße Übersetzung. Letztere müßte ja davon handeln, daß es irgendwelche Gebilde gibt, die im x—p_x-Raum (und ebenso in den anderen Dimensionen) eine Ausdehnung $\Delta x \, \Delta p_x$ haben. Das wäre in der Tat abwegig, denn derartige Gebilde sind die quantenphysikalischen Objekte ihrer Natur nach keinesfalls.

Indessen, auf die „Natur der quantenphysikalischen Objekte" zielt die sogenannte Kopenhagener Deutung der Quantenmechanik gar nicht. Ihr Anliegen ist schwerlich ein ontisches, es ist vielmehr ein noetisches. Demgemäß interpretiert sie — wobei wir zunächst verbleiben wollen — die „Unschärfen" Δx, Δp_x nicht positiv als Ausdehnungen, die einem Objekt an sich zukommen, sondern negativ als „Unbestimmtheiten", als Schranken der Genauigkeit, als Grenzen der Feststellbarkeit, welche dem Experiment zu eigen sind.

Wie das zu verstehen ist, sei hier vorab anhand des eingangs beschriebenen Beugungsexperiments, der originalen Argumentation HEISENBERGS folgend, illustriert. Es soll ein Strahl von Elektronen, die alle den gleichen Impuls $\boldsymbol{p}$ haben, senkrecht auf den Schirm fallen. Wenn ein Elektron durch den Spalt der Breite d geht, „so ist offenbar sein Ort in Richtung parallel zum Schirm mit der Genauigkeit d festgelegt",[7]) wofür wir (in der Bezeichnungsweise der Abb. 1) $\Delta x = d$ schreiben. Nun ist aber dem Wellenbild zufolge das Passieren des Spalts mit der Beugung verbunden, bei welcher „der austretende Strahl" im wesentlichen in den Winkelbereich $(-\alpha, \alpha)$ gestreut wird.

[5]) Der Grenzübergang $\Delta k \to 0$ ist anhand der im Text verwandten Näherungsformel nicht zu bewerkstelligen, sondern bedarf stärkerer mathematischer Mittel.

[6]) Die folgende Formel ist als Resultat qualitativer Abschätzungen zu verstehen. Eine korrekte Abschätzung führt stattdessen zu der Formel (15) des Textes.

[7]) vgl. [4]; die Zitate im Text erfolgen nach der 4. Auflage 1944, S. 18

„Also ist der Impuls des Elektrons parallel zum Schirm unsicher um den Betrag"

$$\Delta p_x = 2p \sin \alpha. \tag{7}$$

„Nach den einfachsten Gesetzen der Optik" ist

$$\sin \alpha = \lambda/2d, \tag{8}$$

wenn wir für α den zum ersten Beugungsminimum gehörenden Ablenkwinkel (s. Abb. 1) wählen. Berücksichtigt man noch die Formel

$$p = h/\lambda, \tag{9}$$

so ergibt sich schließlich wieder die Unschärferelation (6): $\Delta x \, \Delta p_x = h$.

Sie quantifiziert gewissermaßen die eingangs erwähnte Komplementarität zwischen räumlicher Lokalisation und dynamischer Kennzeichnung, und gibt solchermaßen dazu Anlaß, die entsprechenden Variablen x und p_x als zueinander „komplementär" zu bezeichnen, womit nun dieser Begriff einem erneuten Bedeutungswandel unterzogen wird.

Während nämlich ein Wertepaar (x, k) (worauf wir schon aufmerksam gemacht haben) mit dem klassischen Wellenbild begrifflich gar nicht kompatibel ist, gehört (x, p_x) geradezu zum Begriff des klassischen Teilchens.[8]) Und davon geht ja auch das soeben referierte Gedankenexperiment aus. Es wird so argumentiert, als ob (wir wollen uns ganz vorsichtig ausdrücken) das Teilchen eine x- wie auch eine p_x-Koordinate hätte, über die dem Experiment nicht mehr zu entnehmen ist, als daß sie den Relationen

$$x \in \left(-\frac{d}{2}, \frac{d}{2}\right), \qquad p_x \in \left(-\frac{h}{2d}, \frac{h}{2d}\right) \tag{10}$$

genügen. Um zu ihnen zu gelangen, mußte aber der Gedanke vom klassischen Teilchenbegriff zum ebenso unverkürzten Bild der monochromatischen Welle springen, welche beide er verbindet, indem er offenbar die Richtungen der Elementarstrahlbündel nach der Beugung mit den möglichen Richtungen des Impulsvektors von Teilchen identifiziert und dessen Betrag mittels (9) durch h/λ transkribiert.

Diese gedankliche Komposition haben HEISENBERG und BOHR Ende der 20er und während der 30er Jahre in zahlreichen Gedankenexperimenten variiert, und sie haben von daher den Dualismus von Welle und Korpuskel als eine Dialektik ganz eigentümlicher Art dargestellt. Durch sie werden jene Begriffe nicht in einem neuen, adäquateren negierend-bewahrend „aufgehoben", nein, gerade das kunstvoll-parallele Zusammenwirken jener komplementär-antithetischen Konzeptionen macht x und p_x zu *„komplementären Größen"* in dem Sinne, daß durch die Unbestimmtheitsrelationen (6) ihrer Anwendbarkeit Grenzen gesetzt werden. Sie aber — so wird weiter induktiv geschlossen — sind prinzipiellen Charakters. Es gibt keine experimentelle Anordnung, vermöge derer jene Intervalle der Unbestimmtheit Δx und Δp_x gleichzeitig so eingeengt werden könnte, daß ihr Produkt kleiner als eine Konstante von der Größenordnung des PLANCKschen Wirkungsquantums ausfiele.

[8]) Streng genommen hat man hier an ein ideales Objekt der klassischen Mechanik, an einen „Massenpunkt" zu denken.

Und nun nimmt der Gedankengang eine überraschende Wendung: Eben weil die klassischen Größen solcherart in ihrer experimentellen Bestimmung grundsätzlich eingeschränkt sind, weil sie „nicht objektiviert werden" können, eben deshalb habe sie auch die Theorie nur in einer entsprechend restringierten Weise zu benutzen, womit nun gerade die Widersprüche vermieden werden, die bei uneingeschränktem gleichzeitigen Gebrauch der komplementären, einander ausschließenden Bilder von Wellen und Teilchen zutage teeten müßten.

Hiernach wären es also prinzipielle Bedingungen — ja Beschränkungen — der Erfahrung, welche es überhaupt erst ermöglichen, den Gegenstand der Quantentheorie zu konstituieren, wohingegen man doch denken möchte, daß vielmehr durch die materiellen Objekte bestimmt ist, was möglicherweise erfahren werden kann. Wird nicht im Erkenntnisakt etwas objektiv Reales, d. h. unabhängig vom Bewußtsein Existentes, durch das Subjekt gewissermaßen in seinen Besitz genommen? Offenbar neigt der gegenteiligen Meinung zu, wer in diesem Zusammenhang ernsthaft von „objektivieren" spricht, welches Verbum ja wohl heißt „etwas aus dem Bereich des Subjektiven *herauszuführen*, es erst objektiv *machen*". Kurzum, was wir oben als überraschende Wendung in der BOHR-HEISENBERGschen Komplementaritätsdoktrin bezeichnet hatten, erweist sich bei Licht besehen als sehr bedenkliche Abkehr von einem genuinen naturwissenschaftlichen Materialismus hin zu den Positionen des subjektiven erkenntnistheoretischen Idealismus. Eben dieses philosophischen Hintergrunds wegen ist die Kopenhagener Interpretation der Quantenmechanik vielerorts als unbefriedigend empfunden worden, zumal profilierte Vertreter derselben mitunter in extremer Zuspitzung expressis verbis das Konzept der realen, bewußtseinsunabhängigen, materiellen Außenwelt in Abrede gestellt haben — Bezug nehmend auf die „Nichtobjektivierbarkeit" experimenteller atomphysikalischer Erfahrung.

Aber als „nichtobjektivierbar" (sit venia verbo) stellt sich hier doch nur das System der klassischen Physik heraus. Warum hält BOHR dann gerade an ihm so beharrlich fest, unbeschadet dessen, daß es die Objekte der Quantenphysik offensichtlich nicht adäquat abbildet? Er verfährt so um der „Anschaulichkeit" der klassischen Physik willen, genauer gesagt deshalb, weil der Experimentator nur mit ihrer Hilfe seine notwendigerweise makroskopischen Apparaturen beherrschen kann.

Wir wollen hierüber keine Diskussion führen, sondern sogleich einräumen, daß die Quantenphysik ohne Kenntnis der klassischen Physik weder experimentell zu begründen noch theoretisch zu verstehen ist. Damit wird jedoch nicht der Versuch gebilligt, den Sinngehalt der modernen Theorie auf den Bedeutungsinhalt eines — durch das Komplementaritätsprinzip eingeschränkten — Systems klassisch-physikalischer Aussagen zu reduzieren. Das Bemühen, die Gegenstände der Quantenwelt als — gegebenenfalls komplementäre — Abstraktionsklassen makroskopischer Experimente zu definieren, können wir nicht gutheißen. Denn auf solche und ähnliche Weise wird unterderhand das noetisch Vorgeordnete zu einer ontologischen Priorität umfunktioniert. Es wird solcherart das Mittel Erkenntnis für deren Gegenstand genommen, und ebendas ist ein Wesenszug der subjektiv-idealistischen Gnoseologie im allgemeinen und des Positivismus im besonderen.

Wenn nun gerade diese im zweiten Viertel unseres Jahrhunderts die Diskussion um die Grundlagen der modernen Physik besonders akzentuiert haben, so sind dabei natürlich ideologische Momente und allgemeine geistesgeschichtliche Traditionen zur Geltung gekommen, die jenseits eines engeren physikalischen Fachverstandes liegen.

Andererseits war es selbstverständlich der Fachverstand, der, genialisch-kühn überhöht, die großen Physiker im zweiten Lustrum der zwanziger Jahre dazu trieb, das gewaltige Neuland der Quantenmechanik zu erobern. Mögen hierbei, wie sooft bei großen Entdeckungen, durchaus nicht nur unanfechtbare Mittel hilfreich gewesen sein, ans Ziel gelangt sind die Pioniere der Quantentheorie, weil sie de facto zustande gebracht haben, was die Logik (sowohl der Sache als auch der Wissenschaftsgeschichte) verlangte: die bewahrend-negierende dialektische „Aufhebung" des Begriffssystems der klassischen Physik.

Genau eine solche „Aufhebung" war die „Umdeutung kinematischer und mechanischer Beziehungen!"[9]), die HEISENBERG mit seiner ersten bahnbrechenden Arbeit vom Juli 1925 in Angriff nahm, und die wenige Wochen später BORN und JORDAN als das Überwechseln in einen nicht-kommutativen Größenbereich erkannten, indem sie die erste „Vertauschungsrelation"

$$p_x x - x p_x = \frac{h}{2\pi i} \cdot 1 \tag{10}$$

zu Papier brachten.

Ersichtlich wird diese Gleichung nicht erfüllt, wenn man für die Größen p_x und x irgendwelche Zahlenwerte einsetzt, ein Umstand, der auf fundamentale Unterschiede in der begrifflichen Struktur der modernen bzw. der klassischen Physik hinweist. In beiden Fällen ist die allgemeine Natur des gerade betrachteten Objekts (z. B. ein starrer Körper oder ein Wasserstoffatom zu sein) durch die funktionalen Beziehungen zwischen seinen physikalischen Größen[10]) gegeben. Nach der klassischen Denkweise besitzt nun jede dieser Größen objektiv einen wohlbestimmten numerischen Wert. Diese Zahlenwerte definieren den konkreten physikalischen Zustand des Objekts, und wenn sie in den allgemeinen Größengleichungen substituiert werden, verwandeln sich dieselben in wahre Aussagen über reelle Zahlen. Genau dem steht in der Quantenphysik entgegen, daß der jeweilige Größenbereich nicht kommutativ ist. Nicht ausnahmslos alle seiner Elemente, sondern nur diejenigen einer maximalen Klasse untereinander vertauschbarer Größen können hier zugleich bewertet werden. Und durch eine ebensolche Bewertung wird der quantentheoretische Zustand definiert. Er ist ein den Größen jener Klasse gemeinsamer „Eigenzustand".

Den verschiedenen maximalen Klassen kommutativer Größen entsprechen also verschiedene Typen von Zuständen, für die, wenn man so will, ein Komplementaritätsprinzip gilt. Denn einerseits schließen sie einander aus. Ist nämlich irgendein Zustand verwirklicht, so heißt das, jeder Größe der (dem Zustandstyp) zugeordneten Klasse kommt ein bestimmter Zahlenwert objektiv zu, während für die Größen der komplementären Menge derartige numerische Werte überhaupt nicht definiert sind. Andererseits werden zur vollständigen Beschreibung — nicht des konkreten Zustandes, wohl aber — der allgemeinen physikalischen Natur des Untersuchungsobjekts neben ver-

[9]) vgl. [5]

[10]) Wir gebrauchen den Terminus „Größe" als Synonym für das gemeinhin übliche Wort „Observable". Letzteres wollen wir vermeiden, da es uns hier auf gewisse erkenntnistheoretische Feinheiten ankommt. Die „Observabilität" einer Sache, ihre Beobachtbarkeit also, bezieht sich auf ihre Abbildung im Erkenntnisprozeß und ist sekundär verglichen mit ihrer objektiv realen Existenz.

tauschbaren Größen auch nicht-kommutative, neben bewerteten auch unbewertete durchaus benötigt.

Diese Eigentümlichkeiten der Quantenphysik machten es nun vor allem erforderlich, den Begriff der „Messung einer physikalischen Größe“ neu zu überdenken. Bislang hatte man darunter schlicht die möglichst genaue experimentelle Ermittlung des Zahlenwertes verstanden, welcher, wie die klassische Physik voraussetzt, der zu messenden Größe objektiv-real zukommt. Die physikalische Moderne trifft jedoch eine entsprechende Voraussetzung lediglich für diejenigen Größen, die den gegebenen Zustand des Untersuchungsobjekts gerade zum Eigenzustand haben. Deshalb sind unter den Prämissen der Quantenphysik eben nur jene Größen im alten Sinne meßbar. Handelt es sich indessen um Größen, die zu der Komplementärmenge gehören, so muß der Begriff ihrer „Messung“ einen neuen Bedeutungsinhalt erfahren.

Dem ist so — wir wiederholen es —, weil ein Zahlenwert einer solchen komplementären Größe schlechterdings nicht existiert. Für unkorrekt halten wir dagegen die Auffassung, nach der im quantenmechanischen Meßprozeß lediglich die genaue Ermittlung von an sich vorhandenen Werten durch eine unvermeidliche und unkontrollierbare Störung des Objekts prinzipiell verhindert werde. Allerdings, eine derartige „Störung“ im Sinne einer materiellen Wechselwirkung zwischen dem Untersuchungsobjekt und der Meßapparatur ist nun in der Quantenphysik — sehr im Unterschied zur klassischen — tatsächlich für das Wesen der „Messung einer physikalischen Größe“ konstitutiv. Aber die Rolle jener Wechselwirkung besteht nicht darin, etwas an sich Vorhandenes störend zu verschleiern. Nein, sie hat die Funktion, dasjenige, wonach gefragt ist, den numerischen Wert der zu messenden Größe nämlich, überhaupt erst zur Existenz zu bringen! Und eben das geschieht, indem das Objekt gezwungen wird, in einen Eigenzustand der fraglichen Größe überzugehen.

Doch in welchen dieser Eigenzustände die Wechselwirkung mit der Meßapparatur das Untersuchungsobjekt überführt, das ist durch dessen Ausgangszustand, wie die Quantenphysik lehrt, seltsamerweise nicht determiniert. Wohl aber ist die Wahrscheinlichkeitsverteilung der Meßergebnisse vorherbestimmt. Führt man nämlich an vielen Objekten, die sich vermöge geeigneter Präparation alle im gleichen Ausgangszustand $|\Psi\rangle$ befinden, je eine Messung der Größe F durch, so sind die relativen Häufigkeiten w_n (alias, die Wahrscheinlichkeiten), mit der in dieser Meßreihe die Eigenzustände $|\varphi_n\rangle$ von F, und damit die möglichen Meßwerte f_n, realisiert werden, ein einfaches Funktional von $|\Psi\rangle$ und $|\varphi_n\rangle$. In der üblichen mathematischen Darstellung schreibt man

$$w_n = |\langle\Psi \mid \varphi_n\rangle|^2, \tag{11}$$

während natürlich

$$\langle F\rangle = \sum_n w_n f_n \tag{12}$$

der *Mittelwert* ist, den die Größe F bei der hier in Frage stehenden Meßreihe zeitigt.

Bei dieser haben wir nun stillschweigend von allen technischen Unzulänglichkeiten abstrahiert. Trotzdem weist selbst eine derart idealisierte Meßreihe eine *Streuung* auf, d. h., das mittlere Schwankungsquadrat

$$(\Delta F)^2 = \langle F^2\rangle - \langle F\rangle^2 \tag{13}$$

ist von Null verschieden. Das ist eine Behauptung, durch welche sich die Quantenphysik wieder grundsätzlich von der klassischen unterscheidet. Jene stimmt mit dieser, was den Meßprozeß betrifft, nur in dem Spezialfall überein, wo der Ausgangszustand $|\Psi\rangle$ mit irgendeinem Eigenzustand $|\varphi_n\rangle$ der zu messenden Größe identisch ist.

Denkt man sich jetzt zwei verschiedene Größen, F und G, auf die geschilderte Weise experimentell verfolgt, so kann für die Streuungen mittels der Quantentheorie eine Relation hergeleitet werden, nämlich

$$\Delta F \, \Delta G \geqq \left| \left\langle \left(\frac{FG - GF}{2i} \right) \right\rangle \right|, \tag{14}$$

welche im Fall, daß F und G die oben diskutierten Größen x und p_x sind, vermöge (10) die Gestalt

$$\Delta x \, \Delta p_x \geqq \frac{h}{4\pi} \tag{15}$$

annimmt. Es sind das wieder die HEISENBERGschen Unbestimmtheitsrelationen, die somit in einem logischen Kontext erscheinen, der sich grundsätzlich von der Vorstellungswelt unterscheidet, in deren Rahmen wir derartigen Relationen schon weiter oben begegnet sind.

Was vorhin, im Zusammenhang mit der Komplementaritätskonzeption, etwas unbestimmt und unscharf als „Unbestimmtheit“ oder „Unschärfe“ einer physikalischen Größe bezeichnet wurde, ist jetzt unter Bezugnahme auf eine ganze Meßreihe als Wurzel aus dem mittleren Schwankungsquadrat (gemäß (13)) scharf und bestimmt definiert. Eben das habe er aber doch eigentlich gemeint, mag hier ein Vertreter der orthodoxen Komplementaritätskonzeption versichern. Lassen wir, um nicht kleinlich zu sein, diese Beteuerung gelten, so dürften sich dennoch die beiden folgenden (wir sind wieder versucht zu sagen: „komplementären“) Auffassungen schwerlich auf einen Nenner bringen lassen:

Nach der ersten, der Komplementaritätsdoktrin, liegen der modernen Physik *komplementäre*, einander ausschließende, klassische, anschauliche Vorstellungen zugrunde, aus deren kunstvollem Zusammenspiel insbesondere Unbestimmtheitsrelationen hervorgehen, welche wiederum dafür sorgen, daß aus dem Miteinander des Komplementären keine logischen Widersprüche erwachsen.

Demgegenüber basiert nach der zweiten Auffassung die Quantentheorie auf *einem* unklassischen, unanschaulichen, außerordentlich abstrakten, (wiewohl fundamentale Eigenschaften der objektiven Realität hinreichend adäquat abbildenden) Begriffssystem, aus dessen logisch-mathematischem Zusammenhang die Unbestimmtheitsrelationen als eine schlichte Konsequenz folgen, ohne daß von ihnen die (ja schon von den Axiomen her sichergestellte) Selbstkonsistenz abhinge.

Wir haben bereits einige Seiten zuvor die philosophischen Probleme erwähnt, denen die erstgenannte Auffassung begegnet. Aber auch die zweite, so wie sie hier skizziert wurde, ist ganz und gar nicht vor derartigen Schwierigkeiten sicher. Insonderheit eröffnen sich unversehens Aporien, wenn man den aus mikroskopischem Untersuchungsobjekt und makroskopischer Meßapparatur bestehenden Compound als ein abgeschlossenes System behandelt, das im Prinzip den Gesetzen der Quantenmechanik genügen muß. Ihnen zufolge (d. h. bei geeigneter Beschreibung vermöge der SCHRÖDINGER-

Gleichung) unterliegt der Gesamtzustand einer determinierten Entwicklung, in deren Verlauf der Objektzustand gewissermaßen verlorengeht und am Ende durch einen sogenannten „Schnitt“ erst wieder neu konstituiert werden muß, wobei das Untersuchungsobjekt dann im Effekt die oben erwähnte, für den Meßprozeß charakteristische stochastische Zustandsänderung erfahren hat.

Jener „Schnitt“ wird nun häufig als „Verzicht“ auf die (ohnehin weder verfügbare noch interessante) „Information“ über den Mikrozustand der makroskopischen Meßapparatur interpretiert. Aber so bequem sich eine derartige Interpretation anläßt, so leicht verführt sie u. E. auch dazu, fundamentale Eigenheiten der Materie durch „Informationsverzicht“ im Sinne eines mentalen Aktes zu erklären, und somit wieder im Geiste einer subjektivistischen Erkenntnistheorie zu denken, zu der ja schon die Kopenhagener Deutung der Quantenmechanik vor einem halben Jahrhundert eine nicht übersehbare Affinität aufwies.

Indessen, damals — im Unterschied zur heutigen Situation — war gerade ein singulärer Punkt in der Geschichte der physikalischen Ideen erreicht. Verlief bis dato deren Entwicklung hauptsächlich in der Richtung von anschaulich vorgestellten Modellen hin zu mathematisch formulierten Theorien, so hatte HEISENBERG als heuristisches Prinzip für die Errichtung einer solchen Quantentheorie vielmehr die Zurückweisung intuitiver Vorstellungen proklamiert, weil ihnen, z. B. der Umlaufbahn eines Elektrons, jegliches beobachtbares Korrelat abginge. Mit einer derartigen Heuristik eröffnete HEISENBERG jenen beispiellosen Blitzfeldzug, der im Nu die Schlüsselpositionen des Quantenreiches der mathematischen Theorie unterwerfen sollte, in welcher nun freilich „kinematische und mechanische Beziehungen“ nicht einfach verschwunden waren, sondern ihre „quantentheoretische Umdeutung“ erfahren hatten, ihre dialektische „Aufhebung“ also. Und zwar waren sie in einem Begriffsgefüge „aufgehoben“, das für damalige Verhältnisse so unanschaulich und abstrakt ausfiel, daß sich HEISENBERG veranlaßt sah, nun „über den anschaulichen Inhalt der quantentheoretischen Kinematik und Dynamik“ nachzudenken.[11]) So der Titel seiner im März 1927 eingereichten Arbeit, in der HEISENBERG seine Unbestimmtheitsrelationen vorstellte, wie sie dann binnen kurzem als tragender Pfeiler in die BOHRsche Doktrin von der Komplementarität anschaulicher Phänomene eingingen.

Da es kein Zurück zur Anschaulichkeit der Objekte gab, wurden, um der Anschaulichkeit willen, die Objekte auf das Phänomenale restringiert. Bezeichnenderweise war HEISENBERGS Ausgangspunkt der folgende: „Wenn man sich darüber klar werden will, was unter dem Begriff ‚Ort eines Gegenstandes‘, z. B. des Elektrons, zu verstehen ist, so muß man bestimmte Experimente angeben, mit deren Hilfe man den ‚Ort des Elektrons‘ zu messen gedenkt, anders hat dieses Wort keinen Sinn.“[12]) An dieser Stelle kann man die positivistische Auffassung vom Sinngehalt physikalischer Begriffe nicht überhören. Es ist eine ins Physikalische transponierte Variation des esse est percipi, welche damals wohl erklingen mußte, damals als die theoretische Physik angesichts ihrer singulären Situation sich philosophischer Reflexionen befleißigte und dabei in ihrem sozialen Umfeld auf eine von subjektivem Idealismus geprägten Erkenntnistheorie stieß.

Wie wir dagegen heute feststellen können, hat sich im allgemeinen, öffentlichen Bewußtsein der Physik der Gedanke behauptet, daß Quell und Ziel ihres Forschens

[11]) vgl. [6]; die Hervorhebung im Text stammt von mir (H.-G. SCH.)

[12]) ebenda

die objektive Realität ist. Es entspricht das dem Grundpostulat der materialistischen Erkenntnistheorie. Und vor deren entscheidendem Wahrheitskriterium, vor dem Kriterium der Praxis, hat die abstrakt formulierte Quantenmechanik so glanzvoll bestanden, daß ihre mathematischen Begriffsstrukturen eben selbst als das adäquate Medium zur gnoseologischen Abbildung der Quantenwelt gelten können. Dementsprechend wird in der gegenwärtigen Literatur kaum noch versucht, die genuine abstrakte Begrifflichkeit der Quantentheorie durch die Anschauungen des BOHRschen Komplementaritätskonzepts zu interpretieren. Daran werden auch die heute noch offenen grundsätzlichen philosophischen Probleme der modernen Physik schwerlich etwas ändern. BOHR hat sie sehr früh und überaus feinfühlig aufgespürt; seine Antwort indessen war außerordentlich stark von der kritischen wissenschaftshistorischen Situation seiner Zeit geprägt — aber auch von der Originalität seines unverkennbar eignen Denkstils, weshalb es wohl immer wieder lohnend sein wird, sich mit seiner Dialektik des Komplementären auseinanderzusetzen.

Literatur

[1] BOHR, N.: Atomphysik und menschliche Erkenntnis. Braunschweig 1964, 1966.

[2] SCHEIBE, E.: The logical analysis of quantum mechanics. Oxford 1973.

[3] EINSTEIN, A.: Über einen die Erzeugung und Verwandlung des Lichts betreffenden heuristischen Gesichtspunkt. Ann. Physik **17** (1905), 132.

[4] HEISENBERG, W.: Die physikalischen Prinzipien der Quantentheorie. Leipzig 1930.

[5] HEISENBERG, W.: Über quantentheoretische Umdeutung kinematischer und mechanischer Beziehungen. Z. Physik **33** (1925), 879.

[6] HEISENBERG, W.: Über den anschaulichen Inhalt der quantentheoretischen Kinematik und Mechanik. Z. Physik **43** (1927), 172.

DAS UNSCHÄRFEPRINZIP IN KLASSISCHER UND NICHTKLASSISCHER PHYSIK: ZWEI BEISPIELE

von

ARTUR LÖSCHE

1. Zwei observable Größen heißen in der Quantenmechanik komplementär, wenn ihre Messungen nicht miteinander verträglich sind. Das gilt z. B. für Ort (x) und Impuls (p) oder Energie (E) und Zeit (t). Ausdruck dieser Eigenschaft sind u. a. die HEISENBERGschen Unbestimmtheitsrelationen

$$\Delta x + \Delta p \geqq \hbar$$

oder (1)

$$\Delta E + \Delta t \geqq \hbar ,$$

deren Verständnis unmittelbar mit dem Wesen der Quantenmechanik verbunden ist.

Es gibt bereits in der klassischen Physik derartige Größenpaare, die ähnlichen Charakter haben; an zwei Beispielen soll untersucht werden, in welchem Maße sie den quantenmechanischen Vorstellungen entsprechen.

2. In der Kristallphysik kann man einen Körper aus Elementarzellen zusammensetzen, die durch Vektorentripel $\boldsymbol{a}, \boldsymbol{b}, \boldsymbol{c}$ gekennzeichnet werden, welche die Kanten einer Zelle darstellen. Jeder Punkt des Gitters ist dann durch einen Ortsvektor $\boldsymbol{r}$ erreichbar:

$$\boldsymbol{r} = l \cdot \boldsymbol{a} + m \cdot \boldsymbol{b} + n \cdot \boldsymbol{c}, \tag{2}$$

wobei l, m, n ganze Zahlen sind.

Bei vielen Eigenschaften ist es günstiger, von einem sogenannten reziproken Gitter auszugehen, dessen Basisvektoren auf den normalen Gitterebenen senkrecht stehen und den Flächen proportional sind. Sie sind definiert durch

$$\boldsymbol{A} = 2\pi \frac{\boldsymbol{b} \times \boldsymbol{c}}{\boldsymbol{a}[\boldsymbol{b} \times \boldsymbol{c}]}, \quad \boldsymbol{B} = 2\pi \frac{\boldsymbol{c} \times \boldsymbol{a}}{\boldsymbol{b}[\boldsymbol{c} \times \boldsymbol{a}]}, \quad \boldsymbol{C} = 2\pi \frac{\boldsymbol{a} \times \boldsymbol{b}}{\boldsymbol{c}[\boldsymbol{a} \times \boldsymbol{b}]} \tag{3}$$

und haben dementsprechend die Dimension einer reziproken Länge. In diesem reziproken Gitter ist dann — analog zu (2) — jeder Punkt durch die Beziehung

$$\boldsymbol{R} = L \cdot \boldsymbol{A} + M \cdot \boldsymbol{B} + N \cdot \boldsymbol{C} \tag{4}$$

gegeben, wobei L, M, N ebenfalls ganze Zahlen sind.

Im dreidimensionalen Raum kann man z. B. die BRAGGschen Bedingungen für die Interferenz von Röntgenstrahlen durch die LAUE-Gleichungen ersetzen:

$$\boldsymbol{a} \cdot \Delta \boldsymbol{k} = 2\pi q, \quad \boldsymbol{b} \cdot \Delta \boldsymbol{k} = 2\pi r, \quad \boldsymbol{c} \cdot \Delta \boldsymbol{k} = 2\pi s, \tag{5}$$

q, r, s sind ganze Zahlen, und $\boldsymbol{k}$ ist der Wellenzahlvektor bzw. $\Delta \boldsymbol{k} = \Delta \left(\frac{1}{\lambda}\right)$. Man kann nun zeigen, daß der Vektor des reziproken Gitters $\boldsymbol{R}$ eine Lösung dieser LAUE-Gleichung ist. Multipliziert man nämlich $\boldsymbol{r}$ skalar mit $\boldsymbol{R}$, dann wird

$$\boldsymbol{r} \cdot \boldsymbol{R} = 2\pi[l \cdot L + m \cdot M + n \cdot N] = 2\pi \cdot Z \tag{6}$$

(Z = ganze Zahl) bzw.

$$\exp(i\boldsymbol{r} \cdot \boldsymbol{R}) = 1. \tag{7}$$

Beachtet man, daß der Impuls

$$p = \frac{h}{\lambda} \tag{8}$$

ist und daß (6) für $\boldsymbol{R}$ dasselbe aussagt wie (5) für $\Delta \boldsymbol{k}$, dann kann man schreiben:

$$\boldsymbol{r} \cdot \Delta \boldsymbol{k} = 2\pi \text{ bzw. } \Delta \boldsymbol{r} \cdot \Delta \boldsymbol{p} = h. \tag{9}$$

Diese rein klassisch, nur mit der Vorstellung einer diskreten Raumstruktur abgeleitete Beziehung entspricht weitgehend (1); sie sagt aus, daß die Wellenzahl umso genauer bestimmt ist, je größer der Abstand der beiden streuenden Punkte ist. Das ist an sich eine triviale Erfahrung, die man auch im Makroskopischen, z. B. bei der Konstruktion von Interferometern in der Radioastronomie nutzt. Die Analogie zu (1) wird letztlich durch die aus der Wellenmechanik stammende Beziehung (8) herein gebracht.

3. JOSEPH FOURIER hat bereits vor mehr als 150 Jahren gezeigt, daß man jeden periodischen Ablauf einer Funktion durch eine Reihe von sin- und cos-Gliedern der Grundfrequenz dieses Ablaufs und deren ganzzahligen Vielfachen darstellen kann. Zum Beispiel kann man für eine Funktion $f(x)$, die periodisch mit dem Intervall $-l \leqq x \leqq +l$ ist, schreiben:

$$f(x) = \sum_{n=0}^{\infty} a_n \cos n \frac{\pi x}{l} + \sum_{n=0}^{\infty} b_n \sin n \frac{\pi x}{l} \tag{10}$$

mit

$$a_n = \frac{1}{l} \int_{-l}^{+l} f(\xi) \cos \frac{n\pi\xi}{l} \mathrm{d}\xi, \qquad b_n = \frac{1}{l} \int_{-l}^{+l} f(\xi) \sin \frac{n\pi\xi}{l} \mathrm{d}\xi.$$

Wird die Periodenlänge $2l$ größer ($l \to \infty$), dann wird die Grundfrequenz π/l immer kleiner, und die Folge von Grund- und Oberwellen wird praktisch zu einem Kontinuum. Aus der Reihe wird ein Integral, das man schließlich in der Form schreiben kann:

$$f(x) = \frac{1}{\sqrt{2\pi}} \int_{-\infty}^{+\infty} \varphi(\omega)\, \mathrm{e}^{i\omega x} \mathrm{d}\omega; \qquad \varphi(\omega) = \frac{1}{\sqrt{2\pi}} \int_{-\infty}^{+\infty} f(x)\, \mathrm{e}^{-i\omega x}\, \mathrm{d}x. \tag{11}$$

x hat hier den Charakter einer Zeit. Gl. (11) sagt aus, daß man einen zeitlichen Ablauf auch durch sein Frequenzspektrum darstellen kann und umgekehrt; beide Darstellungen sind äquivalent. Zeit und Frequenz sind also gewissermaßen zwei Größen, mit denen man einen Vorgang beschreiben kann. Sie werden komplementär im eingangs angedeuteten Sinne, wenn man annimmt, daß man nur die Frequenz, die Periodizität, und nicht den zeitlichen Phasenablauf messen kann. (Diese Annahme ersetzt gewissermaßen eine Quantenbedingung.) Dann ist nämlich der Frequenzfehler umso kleiner, je länger die zur Verfügung stehende Zeit ist. Das kann man schreiben

$$\Delta\omega \cdot \Delta t \geqq 1. \qquad (12)$$

Zu einer analogen Aussage führt die aus der Theorie der FOURIER-Transformation bekannte Aussage: Die FOURIER-Transformierte einer Resonanzkurve (ω-Raum) ist eine mit der Zeit abnehmende Funktion, die umso langsamer abfällt, je schmaler die Resonanzkurve ist.

Gl. (12) entspricht vollständig der Gl. (1), denn wenn man mit $\hbar$ multipliziert und $\hbar\omega = E$ beachtet, wird aus (12)

$$\Delta E \cdot \Delta t \geqq \hbar.$$

4. Die klassisch eingeführten Beziehungen (9) und (12) haben viele Gemeinsamkeiten mit der Unbestimmtheitsrelation (1): Die miteinander verkoppelten Größen sind nicht gleichzeitig mit beliebiger Genauigkeit bestimmbar. Diese Relationen hängen nicht von einem Meßvorgang ab, sondern sind grundsätzlicher Art. So weiß man, daß z. B. die Breite einer Spektrallinie (ΔE) zunimmt, wenn die Lebensdauer des Ausgangsniveaus abnimmt oder, mit anderen Worten, die Übergangswahrscheinlichkeit zunimmt. Da durch Zusammenstöße die Lebensdauern angeregter Zustände verkürzt werden, kann man mit demselben Mechanismus letztlich die Druckabhängigkeit der Breite von Spektrallinien erklären. Quantitative Überlegungen zeigen, daß es oft günstiger ist, Spektren nicht durch langsames Durchfahren der Frequenz, sondern durch Verfolgung des zeitlichen Abfalls einer Störung aufzunehmen. Dadurch erhält man ein Signal, das in relativ kurzer Zeit alle Informationen aufnimmt, während die Frequenzabtastung viel länger dauern würde. Man kann daher den Meßvorgang oft wiederholen und auf diese Weise das Signal-Rausch-Verhältnis verbessern. Die Rücktransformation in den Frequenzraum besorgen moderne Kleinrechner. Diese FOURIER-Transform-Spektroskopie wird seit einiger Zeit im infraroten Spektralbereich angewandt; sie hat seit rund 10 Jahren der HF-Spektroskopie, insbesondere der magnetischen Kernspinresonanz, völlig neue Möglichkeiten erschlossen.

Diese praktische Anwendung der Äquivalenzbeziehungen (1), (9) oder (12) hat der Komplementarität etwas von dem ursprünglich Geheimnisvollen genommen; man muß aber trotzdem aufpassen, daß man dabei ihre grundsätzliche Bedeutung nicht vergißt.

ZUR KOMPLEMENTARITÄT ZWISCHEN MAKROMOLEKULAREN SYSTEMEN UND LEBENSPROZESSEN

von

WERNER HOLZMÜLLER

Zum Verständnis physikalischer Erscheinungen haben sich, dem Beispiel NIELS BOHRS folgend, in einer Reihe von Fällen wechselseitig ausschließende Deutungen bewährt die gleichartige Phänomene verschiedenartig beschreiben. Dabei wurde der ursprüngliche Begriffsinhalt des Wortes: komplementär (sich wechselseitig ergänzend, sich zu einer Einheit vereinigend) in spezifischer Weise abgewandelt. Man sprach von einem Komplementwinkel oder von Komplementärfarben und sah das sich Ergänzende als wesentlich an. In abgewandelter Form, die hier gemeint ist, handelt es sich aber immer um eine einzige Erscheinung, z. B. Licht, und deren Beschreibung und Verständnis durch zwei sich wechselseitig ausschließende Deutungen (Welle und Korpuskel).

Man kann diese Betrachtungsweise auch auf grundlegende biologische Fragestellungen anwenden. Hier sind u. a. alle Prozesse der Informationsaufnahme, Informationsspeicherung und -verarbeitung zu nennen. Jeder Lebensprozeß ist mit einem materiellen Träger verknüpft. Dabei wird man Struktur und Bewegungsvorgänge bis hinab zur molekularen Ebene beobachten und messen und stets mit den physikalischen Gesetzen in Einklang finden. Man bestimmt mit dem Elektronenmikroskop und der Röntgenkleinwinkelstreuung Primär-, Sekundär- und Tertiärstrukturen, mißt Aktionspotentiale und untersucht Diffusionsvorgänge durch Membranen. Damit deutet man z. B. Nervenfunktionen. Neben dieser physiologischen Betrachtungsweise gehört zum Verständnis des geistigen Geschehens aber auch die psychologische. Physiologie und Psychologie beschreiben z. B. in bezug auf die Nervenfunktionen die gleichen Phänomene, ihre Sprache und Begriffsbildung ist aber weitgehend unterschiedlich. Neben den die makroskopischen Erscheinungen als Ganzes erfassenden Forschungsrichtungen gibt es „mikroskopische" Untersuchungen. Hier betrachtet man die Makromoleküle als Träger von Lebensvorgängen und untersucht deren Bildung, Informationsinhalt und Steuerungsfunktionen in bezug auf die Lebensprozesse. In der atomaren Betrachtungsweise spielt darüber die HEISENBERGsche Ungenauigkeitsrelation eine maßgebende Rolle. HEITLER [1] führt aus, daß in der Atomphysik zwei zueinander komplementäre Größen unbestimmt im Sinne der HEISENBERGschen Formulierung sind. Die Übertragung dieser Aussage auf zueinander komplementäre biologische Prozesse veranlaßt HEITLER zu der Behauptung, daß die Elektronenzustände in den makromolekularen Systemen in lebenden Organismen unbestimmt im Sinne der Quantenphysik sind. Die von diesen gesteuerten makroskopisch meßbaren Reaktionen sind es demnach auch. Er sieht unter Berücksichtigung des notwendigerweise sehr großen Verstärkungsfaktors zwischen molekularem Geschehen und biologischer Reaktion die Ursache für die Indeterminiertheit der biologischen Handlungen. Ursächlich verantwortlich sind die Elektronenzustände in den informativen Makromolekülen der Organismen. Diese Hypothese möchte ich im folgenden kritisch untersuchen und ergänzen.

Folgende Behauptungen werden vorangestellt (vgl. [2]):

1. Die als Informationsspeicher und -verarbeiter wirksamen Biomoleküle besitzen eine unermeßlich große chemische Variabilität. Scheinbar willkürlich, in Wirklichkeit aber durch die zu tragende Information sehr genau definiert, ist die Sequenzfolge in den DNS-Molekülen. Die Sequenzfolge der Basen Adenin, Cytosin, Guanin und Thymin legt die Information fest. Diese Sequenzfolge wird bei der Matrizenpolymerisation eindeutig auf andere sich bildende Makromoleküle übertragen. Sie ist streng determiniert und nur selten fehlerbehaftet. Dabei mitteln sich Bildungsfehler wegen der Vielfachreplikation im allgemeinen heraus und führen nur in den seltensten Fällen zu Mutationen. Von diesen stellt ein stark überwiegender Anteil Fehlinformationen und Mißbildungen dar.

2. Bei Denk- und Lernprozessen und bei der Auslösung von Handlungen und Empfindungen kommt es zur Bildung von Netzwerken und sich wieder lösenden molekularen Verknüpfungen (Kurzzeitgedächtnis). Wiederholte Informationsaufnahme oder Kenntnisnahme wichtiger Informationen führt zur chemisch sehr stabilen Fixierung von Sequenzfolgen in Makromolekülen (Zusammenwirken von DNS und Proteinen; Langzeitgedächtnis). Dabei bilden sich bestimmte molekulare Komplexe, die zur Auslösung bestimmter Handlungsabläufe ohne entscheidende Bewußtseinskontrolle immer wieder durchlaufen werden (Sprechen, Laufen usw.). Sie sind mit den durch Algorithmen verbundenen Rechenschritten in Computern vergleichbar.

Die Komplementarität zwischen Biomolekülen und den damit verknüpften Informationsaufnahmen und -verarbeitungen sowie den Bewußtseinsvorgängen und Steuerungsvorgängen auf den verschiedenen biologischen Ebenen deckt sich mit den Auffassungen von Niels Bohr.

Zu nennen sind weitere Zuordnungen zwischen DNS-Molekülen (Legislative) und Proteinen in der Form von Enzymen (Exekutive) und der Synthese von arteigenen Proteinen, die durch individuumspezifische RNS-Moleküle über den genotypischen Code erfolgt. Die letztgenannten Zuordnungen liegen einheitlich auf der molekularen Ebene, so daß hier der Begriff Komplementarität nicht angewendet wird.

Wie eine Übersicht komplementärer biologischer Prozesse zeigt, bestehen eindeutige Zusammenhänge zwischen Informationsinhalt und dem zugeordneten molekularen Geschehen. Die molekularen Vorgänge sind im Detail unbekannt und möglicherweise ohne Zerstörung des molekularen Aufbaus nicht meßbar. Sie sind aber nicht unbestimmt. Die Zuordnung ist wahrscheinlich analog zu dem Zusammenhang aus Buchstabenfolgen (Worten) und daraus gebildeten Sätzen und den zu übermittelnden Informationen. Die Buchstaben entsprechen den 20 Aminosäureresten bzw. den 4 Basen der DNS in den kettenförmigen Molekülen. Satzbau, Syntax und Orthographie sind in dem hier benutzten Bild komplementär zu dem zugeordneten Begriff bzw. dem durch die Sprache vermittelten Informationsinhalt. Die Anfügung eines Buchstaben, z. B. e, an das Wort: Reis → Reise, verändert den Begriffsinhalt, hat aber im physikalischen Sinn keine Relevanz. Dabei ist es gleichgültig, ob man verschiedene Schriftgrößen oder verschiedene Schreibgeschwindigkeiten anwendet. Das würde im analogen Bilde der informativen DNS-Moleküle verschiedenen durch die Ungenauigkeitsrelation gekennzeichneten Elektronenzuständen entsprechen. Wesentlich ist die geänderte chemische Struktur des Makromoleküls durch Permutation oder Hinzufügung von Basen. Heitler hat recht, wenn er schreibt, daß unser physikalisches Verständnis nicht ausreicht, um die biologischen Besonderheiten zu beschreiben (vgl. [1]). Dagegen ist seine Annahme, daß die der Heisenbergschen Ungenauigkeitsrelation unterliegenden Elektronenzustände in den Biomolekülen für das biologische Geschehen maßgebend sind, nicht begründet aber auch nicht widerlegbar. Die informative Basenanlagerung und -umlagerung ist in bezug auf die *Kinetik* von der Temperatur und vielleicht auch von den Elektronenzuständen abhängig. (Die mögliche Steigerung der Lebensaktivität und der Erlebensgeschwindigkeit durch Temperaturzunahme stimulierte in der Erdgeschichte die Entwicklung der Warmblütler.) Die Möglichkeit verschiedener Elektronenzustände erklärt aber nicht das zweifellos vorhandene teleonomische Grundprinzip bei der Entwicklung des Lebendigen. Die Quantenphysik und mögliche anschauliche Modelle (z. B. Welle und Korpuskel) verlangen wesentliche Ergänzungen in Richtung Teleonomie, Ökologie und Morphologie. Das betont auch HEITLER. Er schreibt [1]:

1. Die absolute Gültigkeit der Physik ist eingeschränkt; schon die Anfangsbedingungen zu einem bestimmten Zeitpunkt sind unbestimmt, folglich ist der weitere physikalische Verlauf auch nicht vollständig bestimmt.

2. Innerhalb der neuen Unbestimmtheiten ist Raum geschaffen für das Eingreifen eigenständig-biologischer Wirksamkeiten und Gesetze. Es ist nun kein Widerspruch mehr, wenn wir sagen, diese könnten physische Prozesse „lenken".

Diesen Thesen werden folgende Aussagen gegenübergestellt [2]:

1. Die grundlegenden Gesetze der Physik sind auch für das biologische Geschehen voll gültig. Es gibt keine Widersprüche zur Physik und keine Außerkraftsetzung der letzteren. Die Quantenphysik ist nicht ausreichend, die Lebensprozesse vollständig zu beschreiben, auch nicht die HEISENBERGsche Unbestimmtheitsrelation. Grundlegend ist ein teleonomisches Prinzip, das dem Zufallsgeschehen überlagert ist.

2. Molekulare Konfigurationen (Sequenzfolgen der Basenpaare und der Aminosäurereste) sind dem psychologischen, sensomotorischen Ablauf der Lebenserscheinungen komplementär zugeordnet. Ihre im physikalischem Sinn nicht determinierten, aber vom Bewußtsein, dem Unterbewußtsein, dem vegetativen System und dem genotypischen Informationsschatz (instinktive Handlungen!) ausgelösten Umlagerungen und chemischen Veränderungen verursachen in der beobachtbaren und meßbaren Umwelt (ins Makroskopische übertragen z. B. durch die Muskeltätigkeit) kausal verknüpfte Prozesse (Kausalketten).

Nach HEITLER würde die identisch gleiche makromolekulare Struktur auf Grund unbestimmter Elektronenzustände unterschiedliche Reaktionen auslösen. Im Sinne dieser Arbeit sind dazu verschiedene makromolekulare Zustände (Konfigurationen) oder verschiedene Netzwerkbildungen notwendig. Befehlsgeber für diese chemischen Veränderungen sind das der physikalischen Meßtechnik nicht zugängliche Bewußtsein und die zur Aufrechterhaltung des Lebens bestehende „biologische Notwendigkeit" sowie der genotypische Informationsschatz, der z. B. auch die molekulare Widerspiegelung der Katzenpfote enthält (HEITLER [1]). Statt der hier verwendeten „biologischen Notwendigkeit" verwendet HEITLER das Wort: „Biologische Instanz".

Wir wiederholen noch einmal: Dem biologischen Geschehen ist eine makromolekulare chemische Veränderung eindeutig zugeordnet. Nur die Makromoleküle besitzen eine so große chemische Variabilität, um den außerordentlich großen Informationsschatz, der die Lebensvorgänge bestimmt, materiell zu speichern und zu verarbeiten. Dabei kann nicht ausgeschlossen werden, daß eine zukünftige hochentwickelte physikalische Meßtechnik die für jede einzelne Information maßgebende Sequenzfolge in den Molekülen ermittelt. Das ist wahrscheinlich erst nach Abtötung also Zerstörung der biologischen Funktionalität möglich.

Ersetzt man die Behauptung: „Komplementäre Darstellungen gleichartiger Erscheinungen sind unbestimmt im Sinne der HEISENBERGschen Unbestimmtheitsrelation“ durch die Annahme: „Komplementäre Erscheinungen der Molekularbiologie sind nur auf der molekularen Seite physikalisch bestimmbar und meßbar, auf der geistigen (psychischen) Seite dagegen der physikalischen Erkenntnis und Meßbarkeit gegenüber gänzlich unbestimmt und unerkennbar“, dann decken sich die in dieser Arbeit diskutierten beiden Auffassungen.

Das Molekül ist nur der Träger des Geschehens. Genauso kann man auch im Computer zwischen Hardware und Software den Komplementaritätsbegriff verwenden. Auch der von HEITLER angenommenen zielgerichteten teleonomischen Lenkung makromolekularer Umsetzungen ist voll zuzustimmen. Außerhalb der physikalischen Determiniertheit steht die Willensfreiheit. Ihre Realität ist ein Beweis für die unsere Lebensvorgänge beherrschende, die Gesetze der Physik einschließende und erweiternde „biologische Instanz“.

Literatur

[1] HEITLER, W.: Über die Komplementarität von lebloser und lebender Materie, Akademie der Wissenschaften und der Literatur, Mainz 1976.

[2] HOLZMÜLLER, W.: Makromoleküle als Träger von Lebensprozessen, Akademie-Verlag, Berlin 1981.

MOLEKULARBIOLOGISCHE SELBSTREPRODUKTION ALS KOMPLEMENTÄRER PROZESS

von

Hermann Berg

Als Verfechter von Charles Darwins Ideen hat Wilhelm Ostwald (1853—1932) die Unterscheidungsmerkmale der Lebewesen gegenüber den Anorganischen zu analysieren versucht. Dabei erkannte er die freie Energie des Sonnenlichtes als das „Wasser" auf die Mühle des Lebens, welches die Fließgleichgewichte im Organismus aufrechterhält. Er erkannte, daß die Reaktionen eines Lebewesens auf Reize oder Schäden nicht den früheren Ausgangszustand wiederherstellen, sondern darüber hinausgehen, d. h. zu einer „Überheilung" (im weitesten Sinne) führen. Er schreibt darüber [1]: „Ein Lebewesen, welches nicht zweckmäßig, d. h. im Sinne seiner Erhaltung auf Eingriffe antwortet, muß alsbald zugrunde gehen und kann daher in unserer Welt nicht angetroffen werden. Es können nur solche Wesen Dauer haben, welche sich zweckmäßig verhalten, d. h. sich auf künftige Vorgänge richtig einstellen. Ob sie zu solchem Verhalten durch Daseinskampf, Zuchtwahl, aktive Anpassung usw. gelangen, ist eine spätere Frage: vermutlich gibt es eine ganze Anzahl Wege zu dem gleichen Ziel. Daß das Ziel erreichbar ist, beruht aber durchaus auf der allgemeinen Gesetzlichkeit alles Geschehens, derzufolge es immer wieder erreicht werden kann, wenn einmal der richtige Ausgangspunkt gefunden ist und in der Folge immer eingehalten wird ... Hält man daran fest, daß die hier vorwiegend benutzte zweckbezügliche (teleologische) Betrachtungsweise die primitivere, die kausale dagegen die höhere ist, und daß zunächst die erste durchgeführt sein muß, ehe die zweite betätigt werden kann, so wird man die Hoffnung nicht abweisen, daß in der angedeuteten Richtung das Rätsel des Lebens stufenweise der Lösung entgegengeführt werden kann."

Ostwald hält die „finale" (teleologische) Verhaltensweise für essentiell bei Lebewesen in Verbindung mit kausalen Vorgängen. Findet Ostwalds Erkenntnis auch in der Molekularbiologie ihr Gegenstück? Um eine Antwort zu geben, bedarf es der Kenntnis von Eigenschaften und Funktionen der beiden Hauptklassen biogener Makromoleküle, Proteine und Nukleinsäuren. Diese beiden Strukturtypen von Makromolekülen können nur gemeinsam ihre Selbstreproduktion bewirken. Weshalb bedarf dieser lebenswichtige Prozeß komplementärer Komplexstrukturen und komplementärer Funktionen? Dazu soll der prinzipielle Aufbau von Proteinen und Nukleinsäuren kurz geschildert werden (vgl. [2, 3]). Die strukturelle Vielfalt der Proteine beruht auf der bestimmten Verknüpfungsfolge von 20 Aminosäuren, wodurch auch die vorherrschende Raumstruktur des Makromoleküls festgelegt wird (Abb. 1). Diese meist globuläre Molekülform reagiert allosterisch auf Wechselwirkungen mit dem Medium, mit kleineren Liganden, Substraten, darunter den Nukleinsäuren. Dabei erfüllen die Proteine verschiedenste Lebensfunktionen, wie Katalyse, Schaltung und Regelung, und sind damit Träger der teleonomischen Leistungen einer Zelle.

Die Nukleinsäuren weisen demgegenüber infolge der wiederkehrenden Basenpaarung Guanin—Cytosin oder Adenin—Thymin an doppelhelikader Zuckerphosphatkette einen

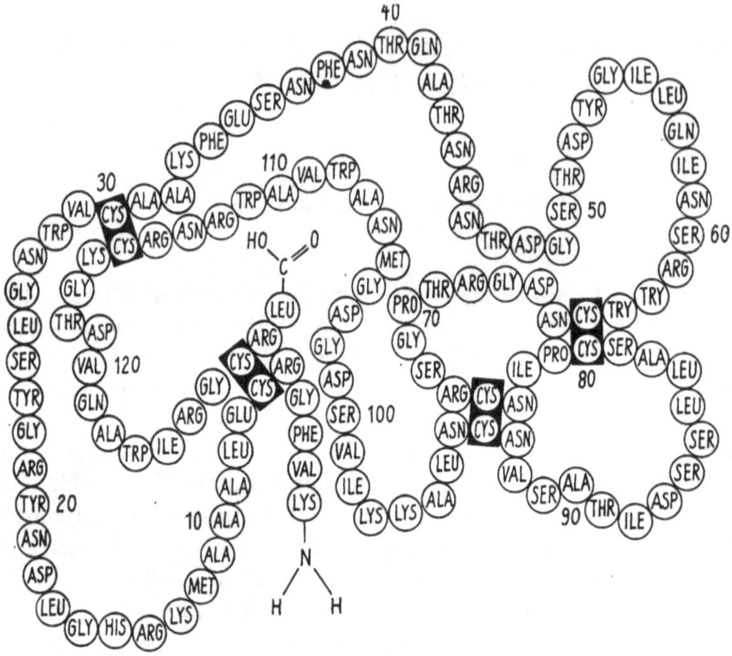

Abb. 1. Das Enzym Lysozym
a) Aminosäurefolge (Primärstruktur) mit vier Disulfidbrücken,
b) angenäherte Raumstruktur aus Helix- und Knäuelbereichen

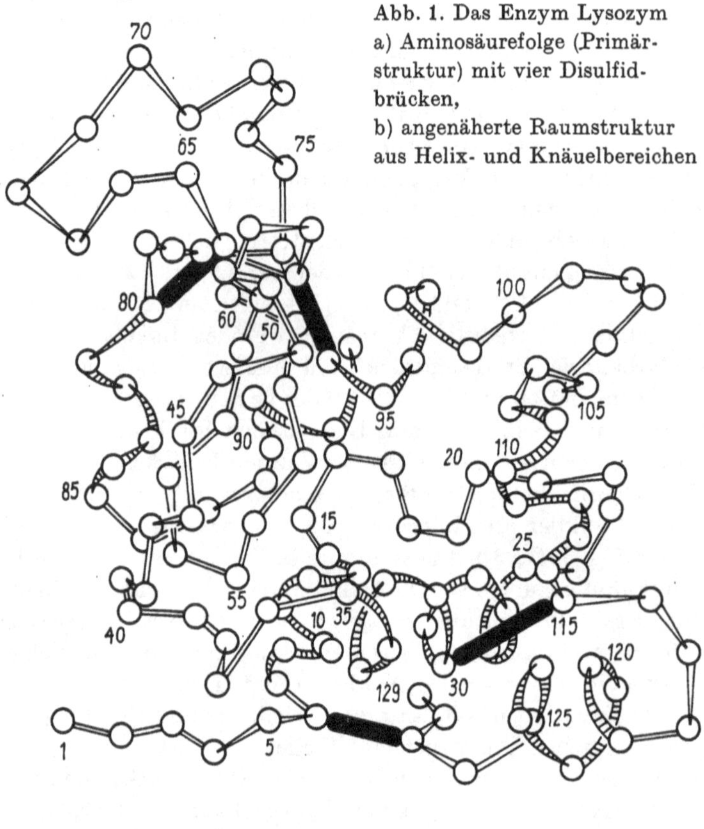

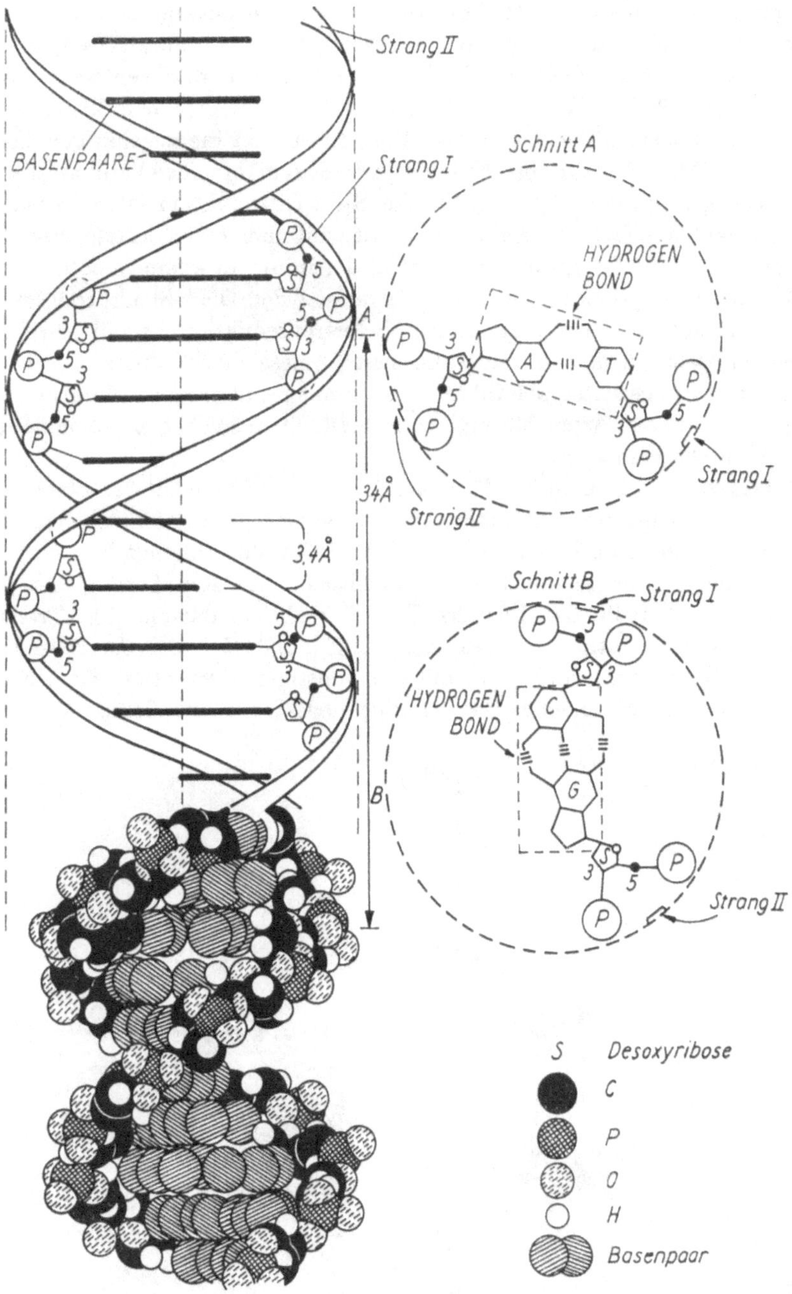

Abb. 2. DNA, Raumstruktur der Doppelhelix mit den Basenpaarungen

vergleichsweise stereotypen Bauplan von geringer Modifikationsbreite auf (Abb. 2). Ihre Aufgabe besteht in der (nahezu) invarianten Speicherung von Information für die obengenannte Verknüpfungsfolge der Aminosäuren. Dieser genetische Kode baut sich aus etwa soviel Basentripletts auf, wie unterschiedliche Aminosäuren zur Proteinsynthese benötigt werden. Vor allem die Desoxyribonukleinsäure (DNA) im Zellkern kann als Ausgangspunkt einer Kausalfolge angesehen werden, die entweder zur Selbstreproduktion von DNA (Replikation) oder — über RNA (Ribonukleinsäure) — zu Zellproteinen (Transkription und Translation) führt. Auf die zugehörigen Teilschritte (vgl. [4]) DNA RNA Protein über Nukleinsäure-Enzymkomplexe kann an dieser Stelle nicht eingegangen werden. Typisch für die Selbstreproduktion ist, daß ein teleonomisches Molekül ein fast invariantes erkennt, mit ihm einen kurzlebigen Komplex bildet und die verschiedenartigen Partnerreaktionen nur in komplementären Modellen zu beschreiben sind [4]. Aus der „fast" Invarianz der DNA-Struktur folgt eine beschränkte Kausalität der makroskopischen Selbstreproduktion, da mit gewisser Wahrscheinlichkeit während der Partnerreaktionen „Ablesefehler" auftreten, die zur veränderten Informationsweitergabe führen. Die daraus resultierenden Mutationen können die Evolution zu neuen Arten führen, wenn durch einen solchen Zufall ein Selektionsvorteil sich durchsetzen kann.

Dieses DARWINsche Prinzip hat M. EIGEN [5 bis 8] auf molekularer Ebene in seinem genialen Hyperzyklus, einem komplementären Selbstreproduktionsschema, zum Ausdruck gebracht (vgl. Abb. 3). Hierin sind kleine RNA-Moleküle mit Enzymen wechselseitig kombiniert. Der kleine Kreis symbolisiert die Replikation, des Informationsträgers I_i mit Hilfe des Enzyms E_{i-1}. I_i realisiert danach über Transkription und Translation die Synthese weiterer Enzyme E_i', E_i'', E_i''' usw. In dieser Kopplung erlangt derjenige Informationsträger mit der günstigeren Mutation das Übergewicht. Die weiteren Eigenschaften eines Hyperzyklus modellieren eine „lebensfähige" Organi-

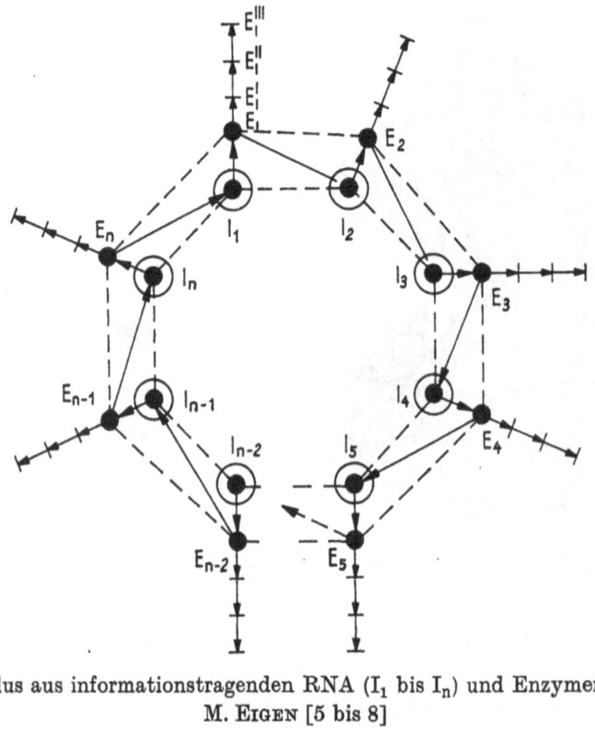

Abb. 3. Hyperzyklus aus informationstragenden RNA (I_1 bis I_n) und Enzymen (E_1 bis E_n) nach M. EIGEN [5 bis 8]

sation, was weder von Nukleinsäuren noch von Proteinen allein erfüllt werden kann. Der Hyperzyklus ist gleichzeitig das einfachste System für die Evolution von selbstreproduzierenden Funktionsgliedern, d. h., Gesetzmäßigkeit und Zufall führen zur Selektion vorteilhafterer Mutanten [9, 10]. Dennoch muß gesagt werden, daß der Hyperzyklus nicht „der Weisheit letzter Schluß" sein kann. Vielmehr wird er in der Zelle erweitert durch das Riesenmolekül der DNA, welches einen vielfältigeren Enzympark kodiert und benötigt, um Stoffwechsel zu gewährleisten und Differenzierung zu ermöglichen. Aber auch dann — und damit kehren wir zum Ausgangspunkt zurück — bleibt das molekulare Wechselspiel zwischen Invarianz und Teleonomie sowie Kausalität und Zufall auch auf den zellulären und organismischen Ebenen erhalten.

Während Ostwald bei Lebewesen, insbesondere den vernunftbegabten und den instinktiven, zwischen kausalen und finalen Tätigkeiten unterschieden hatte, wobei die kausale domonieren sollte, gilt in der Molekularbiologie der dialektische Zusammenhang von Kausalität und Finalität (Teleonomie) mit der Invarianz als Gegenstück. Damit führt das Zusammenspiel aus Nukleinsäuren und Proteinen zur zweifachen Komplementarität des Lebens, nämlich funktioneller und substantieller:

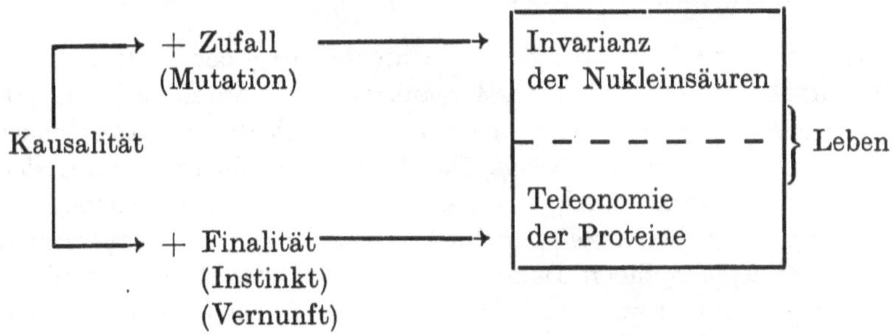

Literatur

[1] Ostwald, W.: Ostwalds Klassiker der exakten Wissenschaften, Bd. 257. Akademische Verlagsges. Geest und Portig, Leipzig 1982.
[2] Watson, J.: The Molecular Biology of the Gene. W. Benjamin, New York 1970.
[3] Lehninger, A.: Biochemie. Verlag Chemie, Weinheim 1975.
[4] Edit.: Hoppe, W., W. Lohmann, H. Markl und H. Ziegler: Biophysik, ein Lehrbuch. Springer, Berlin—Heidelberg—New York 1982.
[5] Eigen, M.: Angew. Chem. **93** (1981), 221.
[6] Eigen, M., und P. Schuster: Naturwiss. **64** (1977), 541.
[7] Eigen, M., und P. Schuster: Naturwiss. **65** (1978), 7.
[8] Eigen, M., und P. Schuster: Naturwiss. **65** (1978), 341.
[9] Monod, J.: Zufall u. Notwendigkeit. R. Piper, München 1971.
[10] Eigen, M., und R. Winkler-Oswatitsch: Das Spiel. R. Piper, München 1975.

DIE KOMPLEMENTARITÄT DES GANZEN UND SEINER TEILE IN DEN PHYSIOLOGISCHEN WISSENSCHAFTEN UNTER BETONUNG DER FRAGEN DER KONZEPTE UND DER METHODOLOGIE DER EXPERIMENTELLEN ARBEIT

von

Bernd Lüder Lueken (†)

Das Thema macht die Beschränkung der physiologischen Wissenschaften[1]) auf den Einzelorganismus als Untersuchungsobjekt nötig. Damit ist der Gesamtorganismus[2]) (Ganztier bzw. Mensch) das Ganze, und die Organsysteme, die Organe[3]), die Gewebe, die Zellen, die subzellulären Organellen und die molekularbiologischen Subsysteme sind die Teile („Ebenenmodell")[4]). Die Komplementarität besteht dann vom Standpunkt der Methodologie in dem Verhältnis von analytischer zu integrativer Physiologie (und vom konzeptionellen Standpunkt im Verhältnis von physikalisch-chemischer zu biologischer Betrachtungsweise).

I. Die analytische Physiologie als Untersuchung der Teile hat folgendes Programm: Aufbau des Systems[5]) „Einzelorganismus" von unten nach oben, daher werden in jedem Subsystem kleine Teilsysteme und letztlich die molekularbiologischen Teilsysteme als entscheidend angesehen. Das Ideal wäre die Darstellung der molekularbiologischen Teilsysteme durch Materialeigenschaften der Bausteine und daraus die Ableitung der möglichen und tatsächlichen Bausteinanordnungen und der Art und Kinetik der Prozesse an ihnen. Damit wäre schließlich die Herleitung aller Organisation als Selbstorganisation sowie die Herleitung aller Systeme höherer Ebenen aus Verknüpfungen der molekularbiologischen Subsysteme möglich. Alle Vorgaben, wie Annahmen über Spezifitäten, Qualitäten, Teleonomien, Wertungen der Organisationshöhen und dergleichen, sind möglichst zu vermeiden. Damit ergeben sich die Fragen: Inwieweit besteht Beobachtbarkeit der Teilsysteme? Inwieweit ist ihre Zusammenfügung möglich? Kann beides ohne Berücksichtigung des Ganzen geschehen? Methodische Erfordernisse für die Durchführung dieses Programms sind:

1. Isolierung der Subsysteme aller Ebenen. Diese erfolgt meist chirurgisch und radikal oder mehr teilweise und funktionell. Beispiele hierfür wären: Mechanische Unterbindung von Zu- und Abflüssen, chemische Auflösung von Nebenstrukturen,

[1]) *Physiologische Wissenschaften:* Funktionelle Biowissenschaften mit vorwiegend tierexperimentell orientierter Methodik (Physiologie, physiologische Chemie, Pharmakologie)

[2]) *Organismus:* Arbeitsteiliger Kooperationsverband funktionsspezifischer Organe (3) mit dem Ziel der Gewinnung, Erhaltung und Fortpflanzung der Lebensform

[3]) *Organ:* Subsystem zu (2), orientiert auf spezifische Leistung. Verband gleichartig strukturierter Zellen mit definierbarem physikochemischem Mechanismus

[4]) *Ebenenmodell:* Gemeint sind sowohl die morphologisch definierten Organisationsebenen als auch die methodisch definierten Untersuchungsebenen.

[5]) Unter „*System*" wird eine Anordnung von Elementen in Raum und Zeit verstanden, die miteinander in Wechselwirkung stehen und einen Komplex zusammenhängender Elementarprozesse bilden, wobei die Systemeigenschaften nicht als Summen der Elementeigenschaften aufzufassen sind.

lokalspezifische Blockaden (chemisch, thermisch), Durchschneidung und Ausschaltung von Nervenbahnen und -zentren.

Wertung: Die Erhaltung der normalen Funktionscharakteristik der Subsysteme und ihrer Variationsbreite ist sehr fraglich, ebenso der Ausweg, durch Teste oder den schrittweisen Wiederaufbau durch Zufügungen den Zustand zu prüfen, da für das Urteil „Gleichheit mit dem normalen Zustand" die Zahl, Spezifität und Verknüpfung der Merkmale entscheidend ist.

2. Festlegung aller Versuchsbedingungen und Kontrolle des inneren Zustandes der Subsysteme. Da volle Kontrolle kaum erreichbar und mit Lebenserhaltung unvereinbar ist, muß die richtige Auswahl der Art und Zahl der zu kontrollierenden Faktoren sowie der notwendigen Charakteristika für innere Zustände gefunden werden. Weiter bestehen Grenzen der Beherrschbarkeit der Faktoren und hohe Anforderungen an Meßanordnungen und Technik. Diese Fragen werden mit dem Aufsteigen zu höheren Ebenen schwerer lösbar. Strenge Erfüllung und Lösungen ohne Rücksicht auf physikalisch-chemische Grundlagen und system-physiologische Überlegungen sind meist nicht möglich. Die Beurteilung der Güte der Annäherung erfordert wieder den Vergleich mit den natürlichen Bedingungen und dem Ganzorganismus und wird nach Art des geprüften Subsystems und der untersuchten Funktion verschieden ausfallen.

3. Definition und Meßbarkeit der manipulierten Variablen. Auf ein Biosystem wirken stets viele Einflußfaktoren (Variablen), die voneinander unabhängig oder aber verknüpft sind. Manipuliert man experimentell die eine oder andere Variable, so sind die übrigen konstant zu halten oder zu kontrollieren. Die manipulierten Variablen stellen den Input des Systems dar, die kontrollierten Variablen die Systemparameter.

Zu beachten sind: Qualitäten[6]) (alle Stufen und Mischungen von wirksam über adäquat bis spezifisch), Ausschließung der echt unwirksamen, Quantitäten (von Schwelle bis übermaximal), Muster[7]), gestaltete Muster, Verhältnisse des An- und Abtransportes, Reihenbildungen, ihre innere Abstufung und Vollständigkeit sowie ihre Korrespondenz zur Variabilität der Subsysteme, störungs- und rückwirkungsfreie Meßmöglichkeit.

Wertung: Die strenge Erfüllung ist oft schwierig und ohne Rücksicht auf Vorwissen und System-Physiologie nicht möglich, da die Manipulationen von Variablen nicht als bloße Einwirkung, sondern mehr oder weniger als Reiz anzusehen sind.

4. Definition und Meßbarkeit der physiologischen Observablen. Hierunter werden durch Meßvorschrift definierte beobachtbare Größen verstanden, die den Output des Biosystems darstellen. Diese Observablen sind Antworten des Subsystems auf Situationsänderungen durch die Manipulation der Variablen (bei definierten Systemparametern). Sie sind aktive, infolge und nach Art des Charakters des Subsystems mehr oder weniger komplexe Leistungen (Superpositionen bzw. Mittelwerte von chemischen Umsetzungen, Transporten, Sekretionen, Kontraktionen usf. sowie örtliche und/oder zeitliche Reihungen davon). Oft findet man quantitative Variabilität oder qualitatives Umschlagen oder mehrere Antwortarten auf eine Variable, z. B. initiale Gegenreaktion oder längere oszillierende Nachwirkungen. Die Messung wird nach gewählter Antwortart

[6]) *Qualitäten:* z. B. bei Geschmacksreizen, spezifisch: süß, sauer, salzig bitter in Konzentrationen oberhalb Schwelle; adäquat: Wasser, unterschwellige Konzentrationen; wirksam: elektrischer Strom.

[7]) *Muster:* Raum-zeitliche Anordnung von Reizen bzw. Erregungssignalen über getrennte Nervenbahnen.

und Zugänglichkeit des Subsystems verschieden stark erschwert, die Anforderungen an die Methodik sind groß (Ankopplung der Meßfühler, Rückwirkungs- und Verzerrungsfreiheit, Empfindlichkeit, dynamisches Verhalten, Linearität und Unschädlichkeit).

Wertung: Ideale Wahl sowohl der primären als auch der vollständigen Antwort auf die Variable und ihrer Wiedergabe sind bisher praktisch unmöglich. Die Beziehung zwischen Variablen (Reiz, Reizkonstellation) und observablen Antworten ist nahezu nie eine lineare Ursache-Wirkungs-Beziehung, sondern stets eine mehr oder weniger indirekte über Filter und Zwischenglieder, jedoch stets mit nichtlinearer Charakteristik [Schwellen- und Sättigungsverhalten, dynamische Asymmetrie[8]), richtungsabhängige Geschwindigkeitsempfindlichkeit]. In der gemessenen Input-Output-Beziehung sind der Zufluß an Stoffen, Energie, Information und seine örtliche und zeitliche Verteilung umgewandelt über die eigengesetzliche Struktur, Stoff- und Energieversorgung und Information des die Antwort produzierenden Subsystems. Dadurch werden „kausale Rückschlüsse" stark kompliziert und Beiträge und Zeitbeziehungen von Input und Output durchweg mit Nachwirkung behaftet.

5. Verknüpfung und Zusammenwirken der analysierten Subsysteme für die Funktion des Systems der nächsthöheren Ebene. Oft wird noch kettenförmige Verknüpfung erstrebt. Tatsächlich liegen aber meist verzweigte (parallele), vernetzte oder zyklische Kausalitätsreihen und oft mehrere Reihen mit dem gleichen Endeffekt vor. Meist besteht auf zellulärer und bzw. oder höheren Ebenen keine volle Kompartimentierung[9]), aber auch keine beliebigen Wechselwirkungsmöglichkeit. Meist läuft es auf qualitativ und quantitativ im Verlauf der Funktionsausführung gewählte Verknüpfungen und Wechselwirkungsbereiche mit Spielbreiten und zeitlicher Variation hinaus. Damit sind auch gut reproduzierbare, gemessene Reiz-Antwort-Beziehungen in der Interpretation nicht eindeutig. Die Zusammensetzung der Systeme der höheren Ebenen aus den Teilsystemen bis hin zu den kleinsten ist zur Zeit technisch überaus aufwendig und erst im Anfangsstadium und in den mathematischen und logischen Ansätzen (Biokybernetik, Bionik) noch weitgehend kontrovers. Von Ansatz und Methodik her kommen in der analytischen Physiologie nur Teile und Teilaspekte der Phänomene zum Vorschein. Eine physikalisch-chemisch exakte experimentelle Beobachtung dieser Teile bei gleichzeitiger biologischer Betrachtung des Ganzen ist nicht möglich. Hauptschwierigkeiten sind: Störung der Lebensprozesse, experimentelle Kunstprodukte als Folge der methodischen Forderungen 1 bis 4, Schwierigkeiten bei der Deutung und Verknüpfung sowie Aussichtslosigkeit der Beschaffung eines genügenden Anteils der nötigen Informationen und ihrer Synthese.

Der Wert der analytischen Physiologie liegt in nur an Lebewesen erreichbaren Beiträgen zur Chemie, Physik und Physikochemie, der Gewinnung von Anhaltspunkten für mögliche Mechanismen und Verknüpfungen und für therapeutische Eingriffe, und dem Herausschälen von ubiquitären, allgemeinphysiologischen Mechanismen (meist

[8]) *dynamische Asymmetrie:* Positive und negative Reizsprünge geben unterschiedliche, manchmal sogar gleichgerichtete Reizantworten; an- und absteigende Reizmuster geben unterschiedlich steile Antwortfunktion.

[9]) *Kompartimente:* Physikalisch-chemisch definierte, fiktive Reaktionsräume für bestimmte Konzentrationen oder Kinetiken, mehr oder weniger offen.

einfachste Miniumform). Außerdem können zusätzliche Merkmale für taxonomische[10]), genetische, ontogenetische und phylogenetische Beurteilungen gewonnen werden.

II. Die integrative Physiologie (Systemphysiologie) als Untersuchung des Ganzen hat zum Ziel eine systemtheoretische Beschreibung des Einzelorganismus und seiner Teile. Hauptpunkt ist die Erfassung der Organisation, d. h. der räumlichen und zeitlichen Ordnung von Prozessen und Verarbeitungen an Materialien und ihren Strukturen, an Energien, an Informationen zu „wertvollen Leistungen" für die Verwirklichung einer art- bzw. individualspezifischen Lebensgestalt in Wechselbezügen mit der spezifischen Umwelt und der unspezifischen Umgebung. Hierbei ist die Mitwirkung sowohl „innerer Eigengesetzlichkeit" des Organismus als auch „äußerer Fremdgesetzlichkeit" mit verschiedenen Graden der Fremdheit zu beachten. Voraussetzungen sind: a) Ausreichendes Angebot an Stoffen, Energien und Situationen in Umwelt und Umgebung, da das organismische System und seine Subsysteme stets fern vom stabilen Gleichgewicht und dem steady state von Fließgleichgewichten auf bestimmten, nach System und gerade eben verwirklichter Funktion erzeugten Niveaus des Ungleichgewichts gehalten wird, b) ein morphologischer und funktioneller Bauplan (Programm, Typus) sowohl in der Form einer genetisch angelegten und epigenetisch und biographisch überformten Repräsentation als auch in den Mitteln und Mechanismen für sein ständiges Wirksamwerden.

Anforderungen für konzeptionelle und experimentelle Konkretisierung:

1. Definition, Abgrenzung und vorläufige Charakterisierung des Gesamtsystems und seiner Subsysteme

1.1. Die Definiertheit wird gewonnen durch Muster von Merkmalen aus morphologischen Kenndaten, chemischen Zusammensetzungen, makromolekularen Strukturen und Kombinationen, physikalischen, physikochemischen und biochemischen Kenndaten. Die Definitionen sind nicht festgelegt: In Abhängigkeit von den betrachteten Funktionen existieren Variationsbreiten, und die Definiertheit ist in den verschiedenen Ebenen nicht gleichmäßig eindeutig.

1.2. Existenz und Validität der Systemgrenzen als Unterscheidung zwischen Außen und Innen: Anatomisch und physiologisch klare Grenzen existieren bei Ganztier, Organen, Zellen und Zellorganellen, sind dagegen fraglich bei Organsystemen, Geweben, molekularbiologischen Systemen. Bedeutung der Grenzen: Mehr oder weniger regulierte Bereitstellungen von zeitweiligen Richtungen und Graden der Öffnung nach den Erfordernissen der Situation und der erstrebten Leistung. Damit erhält das System und jedes Subsystem das für die aufzunehmenden Bezüge geeignete Umfeld.

1.3. Selbständigkeit, Einheitlichkeit (Zentrierung bzw. Gliederung) und Dichte des inneren Zusammenhalts (Kontingenz) des Systems: Als Kriterium der Selbständigkeit dient meist die eigene Lebensfähigkeit und Entwicklungsfähigkeit sowie eine gewisse Variostabilität[11]) der Struktur und Funktion (erfüllt beim Gesamtorganismus, den Organen, den Geweben und den Zellen, jedoch nicht bei der Mehrzahl der subzellulären Organellen und der molekularbiologischen Einheiten). Einheitlichkeit bzw. Gliederung

[10]) *Taxonomie:* Systematik in Tier- und Pflanzenreich

[11]) *Variostabilität:* a) Fließgleichgewichte auf unterschiedlichem Niveau, z. B. Blutspiegel bestimmter Substanzen, b) geführte Regelung (Sollwertverstellung, z. B. Fieber); c) Fluktuationen (Biorhythmen)

in Binnensubsysteme werden jeweils in der aktuellen Ausarbeitung der Akte, entsprechend der Situation und der Leistung, durch Auswahl passender Bereiche in einer Skala zwischen extremer Unterteilung und Zusammenfassungen variablen Umfangs erzeugt. Ebenso wird die Dichte des Zusammenhalts innerhalb des Systems durch Wahl der Zahl, Art der Freiheitsgrade der Verknüpfungen zwischen den jeweils zugelassenen Subsystemen festgelegt, beides im Rahmen des Bauplans und der Organisationshöhe der Art.

2. Teleonomie des Gesamtsystems und der Subsysteme, Rollenzuteilungen[12]). Voraussetzungen: Einverständnis von Organisation im Sinne des ingenieurhaften Entwurfdenkens ist ohne Teleonomie, d. h. ohne subjektiv-empirisch aufweisbare Ziele und Teilziele oder Tendenzen nicht möglich. Die Gesamtfunktion muß daher auf das Ebenenmodell unter Beschränkung auf das Individuum innerhalb des weiteren Rahmens der größeren Zusammenhänge (Ökosysteme) aufgeteilt werden. Aufgabe des Gesamtsystems ist die Verwirklichung der art- bzw. individual-spezifischen, funktionellen Lebensform durch alle Phasen des Lebens in Korrespondenz und Auseinandersetzung mit allen diesen Organismus affizierenden Umwelt- und Umgebungsmomenten. Daneben bestehen wechselnde Teilaufgaben für die Subsysteme nach ihrer funktionellen Sonderleistung.

Die klassische Grundunterscheidung von *Baufunktionen* (für ontogenetischen Aufbau, Umbau in Lebensphasen und funktionellen Lagen und laufende Aufrechterhaltung der Strukturen, Mechanismen und Organisationsformen) und *Betriebsfunktionen* (in allen vom Ruhezustand abhebbaren Akten) erscheint nach heutigem Stande fragwürdig (und ergänzungsbedürftig). Beide Kategorien sind beherrscht von *regulatorischen Funktionen* (Halte- und Führungsregelungen), und es besteht ein ständiges Ineinandergreifen von Bau- und Betriebsfunktionen. Hierfür sprechen: Relativ hoher Aufwand an Stoffen, Energie, Transporten und Information für Bauvorgänge, hohe Beteiligung aktiver Leistungen und Regulationen und entsprechend dem Zeitverlauf von Betriebsfunktionen z. T. hohe und sinnvoll gewählte Umsatzraten. Damit läßt sich eine Skala aufstellen von voller zeitlicher Parallelität der Bau- und Betriebsvorgänge bis zum Abrufen von Betriebsfunktionen auf dem Hintergrund „konstanter" Strukturen, Mechanismen und Organisationsformen infolge langfristiger Bauvorgänge.

Ein Ebenenschema für Teilaufgaben im Rahmen der Betriebsfunktion sieht dann etwa so aus:

(1) Rollen von Funktionskreisen (Ernährung, Fortpflanzung usf.),
(2) Rollen der zugehörigen Verhaltensweisen in Funktionskreisen,
(3) Rollen der Teilintegrationen (Motorik, Sensorik, vegetativ) innerhalb der Verhaltensweisen,
(4) Rollen weiter peripherer Funktionsmuster (von zentralen Ebenen bis zu den Effektoren bzw. Rezeptoren) innerhalb der Teilintegrationen.

Ein entsprechendes Schema würde für die Baufunktion gelten.
Dabei sind gleiche oder zum Teil gleiche Systeme und Subsysteme gleichzeitig oder geordnet nacheinander für mehrere Rollen geeignet und eingesetzt. Aktuell werden

[12]) *Rollen:* Verkettungen und Verknüpfungen von Teilmechanismen entsprechend einem zentralen Entwurf, der situationsbezogen ist; wie die „Rolle" dem Schauspieler nur den Gedankenablauf vorschreibt, von diesem aber frei und aktiv gestaltet wird.

nie alle Rollenfähigkeiten der Systeme und Subsysteme und Kombinationsmöglichkeiten ausgeschöpft: Die Organisation enthält große Reserven an Funktionskompetenzen (Beispiel: Rollenübernahme bei Ausfall von ZNS-Teilen durch andere Teile).

3. Hierarchien[13]) im Sinne von Ordnung von Teilleistungen innerhalb des Systems bzw. der Subsysteme. Im Rahmen der Organisationshöhe der Art (Individuum) und den Anforderungen der fälligen Leistung werden Stufen von Hierarchisierung aufgebaut von Nebenordnung der Subsysteme mit Entstehung des Zusammenwirkens durch Kompetition[14]) entsprechend Gewichtung bis zur straffen Pyramide der Unterordnung.

Ein Beispiel für eine hierarchische Pyramide bietet die Kreislaufregulation mit ihrer Rangfolge:

(1) Zentralisation (Durchblutung lebenswichtiger Organe),
(2) Thermoregulation (Wärmebildung und -abgabe),
(3) Nutrition tätiger Organe,
(4) Nutrition ruhender Organe.

Damit werden die Bedürfnisse des Gesamtorganismus über die der Teilsysteme gestellt.

Im Ebenenschema vom Ganzkörper bis zu den molekularbiologischen Teilsystemen werden für die fällige Leistung in jeder Ebene und ihren Subsystemen die Kompetenzen und Ausführungsregeln aktuell festgelegt unter Beachtung der „Ebenengerechtigkeit“ und Berücksichtigung der Gesamthierarchie. Je peripherer die Untersuchungsebene (nahe dem effektorischen Output bzw. dem rezeptorischen Input) liegt, desto mehr findet man lokale Begrenztheit, diskrete Gliederung, Eigengesetzlichkeit der Leistungen und Möglichkeiten zu ihrer weitgehenden Nebenordnung, sowie größeren Anteil von Stabilität in der Variostabilität. Die Umwelt erscheint hierbei nur als regulierte Binnenwelt. Je zentraler (näher dem Ganzkörper) man untersucht, desto mehr Einbeziehung von Außenwelt wird erforderlich; Fremdgesetzlichkeit, Lernen, Komplexbildung, Integration und Unterordnung in einer straffen Pyramide (Zerebralisation im ZNS) treten in steigendem Maße in Erscheinung.

Über den Beschreibungsentwurf der Systeme nach 1. und 2. hinaus wird eine Beurteilung der Grade der Unterordnung in den Ebenen und der Abwandlung dieser Grade nach Maßgabe der fälligen Funktion notwendig.

4. Experimentalmethodische Forderungen. Solche sind:

a) Simulation artspezifischer Biotopteile[15]) für Funktionsbereiche und eines Netzes äußerer und/oder innerer Situationen sowie typischer Aufgaben und Aufgabenreihen mit den zugehörigen Schlüsselreizen und Milieubedingungen,
b) Herstellung der natürlichen Reizqualitäten und Reizgestalten und ihrer relevanten Variationsskalen für alle äußeren und inneren Rezeptoren,
c) Schaffung von Möglichkeiten für die Beachtung der artspezifischen Chronobiologie und für die Beherrschung von Aktivitätszuständen (Schlaf-Wach-Rhythmus, Stimmungen, Niveaus der Hormonregulation usf.),

[13]) *Hierarchien:* Im Sinne von: Rangordnung nach Bedeutung für die Lebensform
[14]) *Kompetition:* Wettbewerb um die Plätze, Verdrängung
[15]) *Biotope:* Lebensstätten mit geeigneten Lebensbedingungen

d) Rückwirkungsfreie, fortlaufende Registrierung von richtig gewählten Meßwerten für 1. die quantitative und qualitative Charakterisierung der Antworten auf die experimentell variierte Situation im Verhalten des Gesamtsystems und der beteiligten Subsysteme und 2. für die Verfolgung geeigneter Hintergrundmeßgrößen als Zustandskontrollen,
e) Standardisierung bzw. Normierung von Situationsvariation, Antwortmuster und Systemzustand (Biostatistik und Datenverarbeitung).

5. Beschreibung durch Modelle ist in wesentlich weiterem Umfang als bei der analytischen Physiologie erforderlich. Einzelheiten dazu müssen weggelassen werden. Ihre Bedeutung liegt u. a. in Folgendem:

1. Bessere Definiertheit von Input, Output und Systemparametern,
2. Beherrschung unterschiedlicher Zeitmaßstäbe der Systemprozesse (Vereinheitlichung Kurzzeit- und Langzeitdynamik),
3. Simulation von Zuständen, die sich dem direkten experimentellen Zugriff entziehen (aus Gründen der Meßbarkeit, der Zeiträume oder der Ethik),
4. Möglichkeit der Formalisierung (Modellfunktion als Zustands- bzw. Trendbeschreibung).

Gesamtwertung der integrativen Physiologie. Die integrative Physiologie erfordert weit mehr Vorgaben aus der vorwissenschaftlichen und wissenschaftlichen Erfahrung (von der Morphologie bis zu der Verhaltenswissenschaft und Ökologie) und mehr Berücksichtigung von Gestaltfragen und Typusbegriffen als die analytische Physiologie. Sie hat eine eigene Methodologie und weist eigene in der analytischen Physiologie nicht beobachtbare Phänomene und Zusammenhänge auf (et vice versa). Sie hat ein eigenes Erkenntnisideal mit Betonung der Organisation und der Teleonomie, Ermittlung von Trends, Charakteristiken usf. und Erfassung von realen verwirklichten Funktionen statt nur von möglichen Mechanismen für den Aufbau einer Leistung, wie sie die analytische Physiologie erbringt. Die ideellen (konzeptionellen) und experimentellen Schwierigkeiten sind bei der integrativen Physiologie vergleichsweise größer. Im Sinne der Auffassung BOHRS ist die strenge gleichzeitige Beobachtung auf den Wegen der analytischen und integrativen Physiologie nicht möglich, auch die Überführung von Ergebnissen des einen in das andere Verfahren dürfte nicht ohne weiteres in einer einheitlichen Logik gelingen. Die gegenseitige Ergänzung (und Rückkopplung) beider Verfahren ist aber für ein Verständnis der Funktionsseite des Organismus unentbehrlich. Erstrebt wird ein iteratives Vorgehen in zwei Schritten:

1. Systemphysiologische Bearbeitung bis zur Beherrschbarkeit und Verfolgbarkeit typischer Zustände und Aktivitäten in typischen Situationen, (wofür zunächst Typen und Normen zu schaffen sind).
2. Anschließend gezielte Experimente zum Wiederfinden der aus der analytischen Physiologie bekannten oder noch klärbaren Prozeßketten.

Auch die Systemphysiologie führt zu gewissen Kunstprodukten bzw. Konstrukten, die in den Rahmen der für die Medizin verlangten Abstraktionsebene aber besser einfügbar sind als die der analytischen Physiologie.

Dieser Beitrag wurde durchgesehen und überarbeitet von Herrn Prof. Dr. WOLGFANG BUCHHEIM und von Herrn Dr. sc. nat. HANNFRIED OPITZ (Martin-Luther-Universität, Julius-Berstein-Institut, Halle/Saale)

DISKUSSIONSBEMERKUNG ZUM BEITRAG VON B. L. LUEKEN

von

HANS DRISCHEL (†)

Der Meinung von B. L. LUEKEN, daß die Überführung von Ergebnissen der analytischen Physiologie in solche der integrativen nicht ohne weiteres in einer einheitlichen Logik gelinge, widerspricht allerdings die Systemphysiologie. Sie hebt nämlich hervor, daß das biologische System als Studienobjekt der experimentellen biologischen Analyse mit dem Experimentator (Forscher) zusammen einen „Rückkoppelungskreis" bildet, in welchem in einem ständig sich durchdringenden Erkenntnisprozeß Modellbildung und Experimentalforschung miteinander wechseln und sich gegenseitig fördernd beeinflussen. Dies gilt sowohl für analytische und synthetische Teilprozesse im Gehirn des einzelnen Forschers wie auch für den Austausch innerhalb eines interdisziplinären Arbeitsteams. Dabei lassen sich — einer Überlegung B. HASSENSTEINS folgend — gewisse Einzelschritte unterscheiden:

1. Der Experimentator wirkt auf den einen oder anderen Eingang (input) des als „black" oder „grey box" verstandenen Systems ein und registriert die Systemantworten am output.

2. Durch systematische Variation der input-Zeitfunktionen wird allmählich eine ganzer Katalog von input-output- (Reiz-Reaktions-) Beziehungen erworben.

3. Die gefundenen Relationen werden abstrahiert, idealisiert und mathematisiert (meist unter Computereinsatz). Eine Synopsis führt zu einem mehr oder minder vollständigen Bild des dynamischen Verhaltens des untersuchten Systems.

4. Aufstellung eines Blockschaltbildes oder Signalflußdiagramms für das Wirkungsgefüge des Systems, gleichbedeutend mit der Konstruktion eines Modells (meist mehrerer äquivalenter Modelle).

5. „Durchspielen" des Modells, eventuell Auffinden neuer Gesetzmäßigkeiten, die nicht explizit vom Entwerfer des Modells in dieses hineingelegt wurden; Vergleich und Aufsuchen solcher am biologischen Vorbild (heuristische Rolle des Modells).

6. Ständige Verbesserung des Modells durch Gewinnung weiterer experimenteller Daten.

7. Entwurf weiterer gezielter Experimente am biologischen Objekt zur Prüfung der Modell-Aussagen und -Voraussagen.

8. „Unmittelbarer Zugriff" zur Verifizierung des Modells, indem durch „klassische" Experimentalmethoden — elektrophysiologische, biochemische — der unmittelbare Beweis für die Richtigkeit des entworfenen Modells durch direkte Beobachtung und Erfassung der Einzelprozesse angetreten wird. Nur dieser führt schließlich zur Gewinnung neuer gesicherter Erkenntnisse.

Bei graphischer Darstellung läßt sich eine spiralige Anordnung der Einzelschritte feststellen: Biologische Experimentalforschung traditioneller Prägung einerseits, systemtheoretischer Ansatz und Modellanalyse andererseits stehen in ständiger Rück- und Wechselwirkung miteinander, die sich mit fortschreitender Anpassung von Modell an Vorbild laufend verfeinert und vervollkommnet. Dabei handelt es sich im strengen Sinne von NIELS BOHR nicht um eine strikte Komplementarität, d. h. sich ausschließende Betrachtungsweisen, vielmehr ergänzen beide einander — wenn man will — nicht gleichzeitig, aber iterativ und alternativ.

KOMPLEMENTARITÄT IN DER ÖKOLOGIE

von

Hans Joachim Müller

Wenn unter komplementär (in dem von W. Buchheim im Anschluß an N. Bohr formulierten Sinne) zwei oder mehrere „Weisen" verstanden werden, die zur vollständigen Existenz oder auch nur zur Erfassung und zum Verständnis eines Sachverhaltes notwendig sind, sich aber gegenseitig nicht vertreten können, und wenn Ökologie Wechselbeziehungen des überorganismischen Lebendigen mit der Umgebung untersucht, dann könnte Komplementarität auf die im folgenden geschilderten Phänomene zutreffen; wiewohl diese vielleicht auch mit „Komplexität" schon hinreichend charakterisiert werden mögen. Dies gilt besonders, wenn die aus der fast unübersehbaren Vielfalt der Interrelationen resultierende Unschärfe als Zufall einer nur scheinbaren Akausalität aufgefaßt wird.

1. Die biologischen Elemente (Bausteine) der überorganismischen Beziehungsgefüge (d. h. der Ökosysteme), die artspezifischen *Populationen*, sind einerseits insofern homogen und quasi konstant, als ihre Glieder, die Individuen, potentiell zu gemeinsamer Vermehrung (Panmixie) befähigt und verbunden sein müssen, andererseits insofern inhomogen und variabel, als nur die Modifikabilität und die Mutabilität dieser Glieder, besonders der genotypische Polymorphismus der individuellen Reaktionsnormen, die Population im ganzen befähigt, den mehr oder weniger weiten Amplituden im aktuellen Muster der Umweltgegebenheiten (Valenzkombinationen) plastisch zu entsprechen und sich den (säkulären) Veränderungen derselben evolutiv anzupassen. Oder anders ausgedrückt: Die *Individuen einer Population* sind sowohl gleichartig in bezug auf ihre Fähigkeit zu gemeinsamer Fortpflanzung als auch in gewissen Grenzen ungleichartig hinsichtlich ihrer Fähigkeit, auf Anforderungen der Umwelt verschieden gut, d. h. mit unterschiedlicher Fitness, zur Erzeugung der nächsten Generation beizutragen und so den Bestand der Population auch bei veränderter Umgebung sichern zu helfen.

2. Die Populationen benötigen zu ihrer Existenz Elemente der Umgebung (Ressourcen), verändern aber mit deren Verbrauch zugleich die Koordinaten dieser Umgebung, zumindest quantitativ.

3. Einerseits ist die Umwelt einer Population nur ein Teil ihrer Umgebung (ihres Habitats), d. h. nur der mit ihr wechselweise reagierende Teil. Andererseits enthält die Umgebung (d. h. das gleiche Habitat) für andersartige Populationen andere Umwelten.

4. Die Einpassung einer Population in die Umgebung, die *ökologische Nische*, beruht auf der (komplementären?) Kongruenz einerseits der Gesamtheit der ökologischen Potenzen der Population, d. h. dem integrierten Muster aller ihrer endogenen Reaktionsnormen (Anforderungen, Leistungen und Toleranzen), dem „Lebensformentypen-Spektrum", sowie andererseits der Summe aller Spannweiten und Gradienten der

Umweltfaktoren, dem Valenzmuster der Umgebung. Das heißt: Eine ökologische Nische entsteht dort und nur dort, wo die Umgebung mit dem Ensemble ihrer Valenzmuster die „Lizenz" für einen bestimmten Lebensformentyp (nicht identisch mit einer taxonomischen Kategorie!), d. h. für die unabdingbaren Existenzanforderungen dieser Population, erteilen kann. Vergleich: erst „Planstelle" (= Arbeitsplatz, Mittel und Möglichkeit zur Produktion) und „Beruf" (= Fähigkeit zur Produktion) ergeben das „Arbeitsverhältnis" (Produktion). Obwohl einzelne, quasi unerschöpfliche Lizenzen gleichzeitig von taxonomisch verschiedenen Populationen genutzt werden können (z. B. das lokale Temperaturangebot), bedingen erschöpfbare Lizenzen (etwa die Nahrung) insgesamt das Prinzip: „eine Nische — eine Art".

5. Die aktuelle Einnischung hat aber auch stets entscheidende historische Aspekte. Sie hängt auch ab: einerseits von der palaeohistorischen und palaeogeographischen Lizenzentwicklung (Kontinentaldrift, Polwanderung usw.) und andererseits von dem phylogenetisch seinerzeit lokal vorhandenen Angebot an Lebensformentypen. Daraus resultiert eine Mannigfaltigkeit der ökologischen Nischen, die nach einem Prinzip allein nicht zu verstehen ist. Beispiel: Die Existenz einer Art ist möglich durch so hohe Fortpflanzungsrate (r), daß trotz geringer Anpassung mit stochastischer Sicherheit alle Umweltwiderstände (K) hinreichend kompensiert werden (sog. r-Strategen) die einer anderen Art dagegen durch so hohe Anpassung, daß trotz geringer Fortpflanzungsrate der Bestand gesichert bleibt (sog. K-Strategen).

6. Die in einem Habitat (Umgebungsausschnitt), d. h. bei einem bestimmten Lizenzmuster, existenzfähigen Populationen unterschiedlicher taxonomischer Kategorien bilden zusammen die höchste überorganismische Einheit des Lebendigen, *die Biozönose*. Wie die homotypischen Populationen werden auch die Biozönosen nicht durch zentrale Steuerungssysteme stabilisiert und zusammengehalten, sondern durch das Prinzip von Angebot und Nachfrage. Dabei ist das Energiebudget entscheidend, das vom jeweiligen Lebensformentyp der Ernährung bestimmt wird. Allein die Produzenten (von Biomasse) erschließen die abiotische energetische Basis für die Biozönose und bestimmen damit ihren endgültigen Umfang (Klimax). Sie erst machen das Habitat zum Biotop für Konsumenten und Destruenten sowie rückwirkend auch für sich selbst. Dabei sind häufig die einzelnen Niveaus des Trophienetzes von mehreren Arten der gleichen taxonomischen Kategorie, sog. Taxozönosen, besetzt, die zueinander mehr oder weniger komplementär oder konkurrent sind: einerseits wenige, aber zahlenmäßig weit überwiegende Dominante, die hier optimale Bedingungen finden, jedoch als Eurypotente auch in anderen Ökosystemen zu existieren vermögen, andererseits viele, aber hinsichtlich ihrer Individuenhäufigkeit stark zurücktretende Rezedente, die als Stenopotente hier gerade noch existieren können, nach Ausschaltung der besser konkurrenzfähigen Dominanten aber gegebenenfalls deren Rolle übernehmen können.

Nur die Dominanten tragen wesentlich den Energiefluß des Ökosystems; sie sind aber phänomenologisch nicht charakteristisch. Rezedente dagegen sind für die aktuelle Systemfunktion unbedeutend, stellen aber meist Charakterarten dar, welche die Randbedingungen des Systems, quasi sein Profil, anzeigen. Eine Art ist im Zentrum ihres Areals meist eurypotent, an den Grenzen mehr oder weniger stenopotent.

7. Da die Existenz der Ökosysteme in noch höherem Maße als andere organismische Organisationsformen auf dem Prinzip des „Fließgleichgewichts" beruht, ist ihre Struk-

tur und Abgrenzung gleichzeitig konstant und variabel, aber weder das eine noch das andere allein. Ihre taxonomische Struktur ist unscharf begrenzt, neben dem konstanten harten Kern der an sich uncharakteristischen Dominanten wechselt das Spektrum der Rezedenten. Aber auch die Abundanz (Individuendichte) der Dominanten schwankt oft im Bereich von mehreren Zehnerpotenzen, wird aber weder Null noch unendlich.

Diese Variabilität beruht vor allem auf dem Wirken nur ungenau vorhersagbarer Veränderungen der Valenzparameter, in Sonderheit des Energiezuflusses (Witterungsverlauf, geologische Prozesse usw.), die Konstanz dagegen auf der Vermaschung sehr vieler Regelkreise, mit denen jene mehr oder weniger kompensiert werden können. Die ökologische Existenz basiert daher vorwiegend auf stochastischen Prozessen, wenn auch (geologisch) ausreichend lange Konstanz der Umweltbedingungen bei den Organismen immer wieder zu Ansätzen deterministischer Festschreibungen führte. Doch ergab das Auslöschung, wenn diese so genau geworden waren, daß bei groben Umweltänderungen die Fehler in der DNS-Kopie keine Reserve für die abweichenden Bedingungen mehr boten. Radiative Evolution ist dagegen nur möglich, wenn die Determination noch genügend Ungenauigkeit, Variabilität aufweist.

Abschließende Bemerkungen

Die Problematik der Anwendung des Komplementaritätsbegriffes in der Ökologie beruht vor allem darauf, daß dieser Begriff für einige wenige, im Grunde einfache physikalische Vorgänge oder Beziehungen geprägt wurde, während es sich in der Ökologie immer um ein vieldimensionales Netzwerk von Vorgängen und Beziehungen handelt, dessen Vielfalt geradezu das Phänomen des Lebens ausmacht. Wenn schon in den physikalischen Grundlagen Unbestimmtheitsrelationen auftreten, wie viel mehr ist das in den Beziehungsgefügen der Ökosysteme zu erwarten.

Auch bezieht sich der Begriff in der Physik offensichtlich auf einen momentanen, quasi geschichtslosen Fall. Aber schon hier besteht die Schwierigkeit, daß zwei Experimente nicht im gleichen Moment am gleichen Objekt ausgeführt werden können. In der Biologie und besonders in der Ökologie handelt es sich aber immer um Phänomene, die eine Vergangenheit haben und deshalb aus sehr verschiedener Sicht einmalig sind, zumal bei einer regionalen Umgestaltung der Außenwelt nicht immer passende Lebensformentypen zur Stelle sein dürften. Es gibt dann ungenutzte („freie“) Lizenzen, die nie oder viel später, eventuell durch ganz andere Bauplantypen, nun auch künstlich durch anthropogene Importe zu Nischen verwendet werden.

Möglicherweise liegt das Wesen der Komplementarität überhaupt darin, daß zwar jeder Einzelprozeß, jedes Einzelphänomen wirklich determiniert und streng kausal abläuft, daß aber eine unendliche Vielzahl mehr oder weniger aufeinander wirkender solcher Prozesse im Endeffekt, nämlich wieder nur von einem Punkte aus betrachtet, nur eine stochastische Genauigkeit haben kann und daher mehr oder weniger zufällig erscheint. Auch in der Biologie wird allerdings selten genügend berücksichtigt, daß eine Vielfalt in erster Linie historisch zu verstehen ist, denn schon der ungleiche Energiegenuß an verschiedenen Stellen der Erdoberfläche schuf von Anfang an unterschiedliche Ausgangsbedingungen.

ZUM BEGRIFF DER KOMPLEMENTARITÄT IN DER GEOGRAPHIE

von

ERNST NEEF

In der Geographie war bislang der Begriff Komplementarität nicht üblich, doch erscheint er in den letzten Jahren gelegentlich, allerdings ohne ausreichende Definition. Er findet sich bei PREOBRAŽENSKIJ/Moskau und bei WEICHHART/Salzburg.

1. Bei PREOBRAŽENSKIJ bezieht sich das Wort Komplementarität auf die Mehrfachnutzung eines bestimmten Territoriums, also auf nebeneinander bestehende Nutzungsziele verschiedener Art, die zwar im Territorium vereinigt, aber in verschiedene gesellschaftliche (funktionale) Zusammenhänge eingebunden sind. So bestehen nebeneinander landwirtschaftliche, zuweilen bergwirtschaftliche und forstwirtschaftliche Nutzung in Gebieten verschiedener Siedlungsstruktur, die außerdem noch der Rekreation dienen. Die Klärung eines jeweiligen Nutzungssystems erschließt Zusammenhänge, die für andere Nutzungsformen ohne Bedeutung sind und für diese daher nichts aussagen. Die Analyse einer geographischen Landschaft muß daher auf einander ergänzende Teilanalysen zurückgreifen, wobei zu beachten ist, daß zwischen den einzelnen Nutzungsformen Wirkungen und Nebenwirkungen zu verzeichnen sind, die in diesem oder jenen Sinne einschränkend oder begrenzend wirken. Es handelt sich um Beziehungen unterschiedlichen Ranges und verschiedener Zeiten des Wirksamwerdens. Komplementarität in diesem Sinne bedeutet also Integration der einzelnen Subsysteme zu einem höher organisierten System.

Welcher Art die Relationen sind, ist zunächst unerheblich. Sie können z. B. auf gesellschaftlich funktionalen Zusammenhängen beruhen (wie das bei den territorialen Produktionssystemen, allgemein bei den gesellschaftlichen Grundfunktionen Arbeiten, Wohnen, Verkehren, Bilden, Erholen usw. der Fall ist), sie können auf biologischen Prozessen im Ökosystem beruhen, sie können auf anorganische Stoff- und Energieumsätze orientiert sein. Mit anderen Worten: Komplementarität in diesem Sinne drückt aus, daß hochintegrierte Vielstoffsysteme mit polydynamischem Prozeßcharakter nur dann ganz erschlossen werden können, wenn die an den Teilsystemen orientierten Aspekte unabhängig voneinander und in ihrem Zusammenwirken studiert werden. Nach welchen Prinzipien das geschehen soll, sagt das Wort Komplementarität nicht aus.

2. Bei P. WEICHHART hat der Begriff der Komplementarität einen anderen Sinn. Er entspricht den früher üblichen Bezeichnungen Dichotomie bzw. Dualismus und kennzeichnet die Tatsache, daß geographische Komplexe entweder als geographische Individuen mit einer weitgehend vollständigen Erfassung der Strukturmerkmale und ihrer dynamischen Regulierung erfaßt werden, wobei wegen der Einmaligkeit dieses geographischen Individuums das Allgemeine und Gesetzmäßige des Komplexes, seine Grundordnung als Typus, nicht herausgearbeitet werden kann, oder aber hinsichtlich der typischen Merkmale einer Gruppe ähnlicher geographischer Komplexe beschrieben

werden kann, was wiederum den Verzicht auf die individuellen Züge bedeutet. Es besteht also eine Alternative zwischen der geographischen Beschreibung geographischer Individuen und der vergleichenden Untersuchung von modellhaften Typen, bezogen auf verschiedene geographische Sachverhalte. Diese „Komplementarität“ ist bis in die Gegenwart hinein in der Frage hochgespielt worden, ob die Geographie eine nomothetische oder eine idiographische Wissenschaft sei, was sich als Scheinproblem sofort zu erkennen gibt, wenn man die Notwendigkeit beider Betrachtungsweisen als wissenschaftliches Prinzip geographischer Methodik zugrundelegt. Verwandtschaft zur ersten Auffassung besteht insofern, als die geographischen Vielstoffsysteme wegen ihres komplexen Charakters nicht nur der Verallgemeinerung bedürfen, um die Mannigfaltigkeit der Erscheinungsformen beherrschen zu können, sondern daß diese notwendige Verallgemeinerung als Ordnungsprinzip die bestehenden gesellschaftlich-funktionalen Aspekte heranziehen muß.

3. Wiederum einen anderen Gesichtspunkt — und dieser stand ursprünglich im Vordergrund meines Interesses an der Frage der Komplementarität — ergibt die Lehre von den Dimensionen geographischer Betrachtung, die zuweilen mit dem kurzen Begriff der „Dimensionalität“ verbunden wird. Die Lehre von den Dimensionen geographischer Betrachtung besagt, daß die geographische Realität nicht in einem einzigen und in sich einheitlichen Erkundungs- und Darstellungsverfahren erfaßt werden kann, sondern in mehreren vom Maßstab abhängigen Schritten zugänglich gemacht werden muß. Die Gesetzmäßigkeiten des globalen Wasserhaushalts der Erde lassen keinerlei Schlüsse auf den Wasserhaushalt einer kleineren Region wie etwa des Harzvorlandes oder des Thüringer Waldes zu, und was sich aus dem Zusammenwirken und der Summierung kleinster örtlicher Bilanzglieder des Wasserhaushaltes für regionale Abflußvorgänge ergibt und wie sich diese zu einem allgemeinen Abflußregime ordnen lassen, besagt wiederum nichts über die Gesetze, die den globalen Wasserkreislauf beherrschen. Jede Dimension und selbst jede Dimensionsstufe sind gekennzeichnet durch einen ihnen eigenen Ansatz des Erkenntnisprozesses, der die auf dieser Stufe wissenschaftlich faßbaren Phänomene als dargebotene Möglichkeiten des Erkenntnisgewinns methodisch zusammenfaßt. Daraus ergibt sich die entscheidende Tatsache, daß jeder Dimension eine bestimmte Erkenntnismöglichkeit und damit ein gezielter Forschungsansatz als Problemstellung, die dafür geeigneten Forschungsmethoden, die dafür aussagekräftigen Fakten als Auswahl aus unendlich vielen möglichen Sachverhalten und schließlich auch die geeigneten Darstellungsformen zugeordnet sind, als ein aufeinander abgestimmtes Bündel relevanter wissenschaftlicher Voraussetzungen. Es ergibt sich aber aus der Mehrschichtigkeit des Verfahrens, daß zwischen diesen Schichten, die durch die Dimensionen repräsentiert sind, Querverbindungen geschaffen werden müssen, die dafür sorgen, daß die Begrenzungen der Erkenntnismöglichkeiten gegenüber der allseitigen Verflechtung der Glieder zu einem Ganzen in der Wirklichkeit nicht zu isolierten Teilbildern, sondern zu einer wirklichkeitsnahen Gesamterkenntnis hinführen. Gewöhnlich wird diese maßstabbezogene Dimensionsproblematik in recht primitiver Weise auf kartographische Abbildungsmöglichkeiten beschränkt. Diese aber ist nicht als Erkenntnisproblem, sondern als Problem der Darstellungstechnik einzustufen.

Interpretiert man die drei genannten Gesichtspunkte, so erweist sich der erste Fall der gesellschaftlichen Mehrfachnutzung als eine Erscheinung, die in erster Linie der jeweiligen gesellschaftlichen Entscheidung freigestellt ist und nicht strengen Naturphänomenen zugeordnet werden kann. Im zweiten Fall, der das Einzelne und das Allgemeine in ihrem Verhältnis zueinander behandelt, liegt ein allgemeines methodologisches Problem vor, das in verschiedener Gestalt in vielen Wissenschaften erscheint. Es dürfte nicht zweckdienlich sein, hierfür den physikalisch gefaßten Begriff der Komplementarität zugrundezulegen. Eher ist es umgekehrt möglich, die physikalische Komplementarität als speziellen Fall im Wissenschaftsfeld der Physik dem allgemeinen Prinzip der Wissenschaftsmethodologie unterzuordnen. Das dritte Beispiel schließlich befaßt sich mit dem Sonderfall von geographischen Vielstoffsystemen, deren Besonderheiten sich nicht auf allgemeingültige wissenschaftliche Prinzipien übertragen lassen.

Insgesamt ergibt sich daraus zunächst die Schlußfolgerung, daß der Begriff der Komplementarität auf das originale Beispiel der Physik beschränkt bleiben sollte, da bei komplizierteren Systemen die Zahl der Alternativmöglichkeiten ansteigt und der Schritt zum Unverbindlichen, ja Banalen bei der Fülle komplementärer Möglichkeiten naheliegt. Gerade bei hybriden Systemen, die verschiedene Formen der Kausalbeziehungen in sich schließen und recht unterschiedliche Aspekte aufweisen, muß eine Verflachung des ursprünglichen Prinzips befürchtet werden, wenn der Begriff auf Sachverhalte verschiedenster Art angewandt werden sollte.

Und doch erweist sich die Beschäftigung mit dem Problem nicht als unfruchtbar. Einmal auf das Phänomen „Komplementarität" aufmerksam geworden, zeigt sich bei weiteren Untersuchungen geographischer Zusammenhänge recht oft, daß sich voneinander unabhängige, ja zunächst unvereinbar scheinende, also der Ausschließlichkeitsbedingung gehorchende Aspekte zu einem Gesamtbild vereinigen, ja geradezu das Komplementaritätsprinzip voraussetzen. Sie alle ordnen sich dem Problemkreis „das Ganze und seine Teile" unter. Um den Begriff der Komplementarität in seiner allgemeinsten Form aus der zu weiten und daher leeren Aussage herauszuheben, wäre es erforderlich, ihn für seine konkreten Erscheinungsformen zu präzisieren und damit methodologische Basissätze zu formulieren, die eine klarere Übersicht über die komplizierten Zusammenhänge in Vielstoffsystemen erlauben. Der Begriff der Komplementarität umfaßt eine besondere Klasse dialektischer Beziehungen, die die Integrationsformen in komplizierten Vielstoffsystemen beschreiben. Da sich analoge Probleme auch in anderen Wissenschaften einstellen, wenn diese ihren Gegenstand in geographische Zusammenhänge einordnen, dürfte die weitere Prüfung des Komplementaritätsbegriffs für die Arbeitsteilung im Felde interdisziplinärer Forschung wertvolle und nützliche Grundlagen vermitteln.

DER KOMPLEMENTARITÄTSBEGRIFF IN SEINEN BEZIEHUNGEN ZUR MEDIZIN

von

HERBERT JORDAN

Der Mensch repräsentiert — wie jedes Lebewesen — in seiner Erscheinung eine Ganzheit, die charakterisiert ist durch

— eine ständige und unauflösbare Wechselwirkung der physischen und psychischen Sphäre („psychophysische Ganzheit"),
— einen Lebenszeitraum, innerhalb dessen eine ständige Bildung und Umbildung der Individualität stattfindet („chronobiologische Ganzheit"),
— eine ständige und unauflösbare psychophysiologische Wechselwirkung mit allen Umweltgegebenheiten („bio-soziologische Ganzheit"),
— eine prinzipielle Unmöglichkeit der simultanen exakten Bestimmbarkeit der in der Ganzheit integrierten Subsysteme und/oder Dualitäten, z. B. Psyche und Soma, Struktur und Funktion.

Von diesen Grundtatsachen können unsere weiteren Überlegungen ausgehen.

Ich darf in diesem Kreis die historischen Fakten, die zur Postulierung des Komplementaritätsbegriffes führten, als bekannt voraussetzen, desgleichen die erkenntnistheoretische Bedeutung der Unbestimmtheitsrelation, wie sie HEISENBERG erwiesen hat. Für meine weiteren Überlegungen ist wichtig, daß

1. NIELS BOHR den Komplementaritätsbegriff aus der biologischen Sphäre entlehnt hat als geeignet zur Beschreibung von „Objekten, in deren Verhalten Individualität offenbar geworden" ist;[1])

2. der Begriff Komplementarität die Tatsache der Reziprozität einschließt (von BOHR zeitweilig sogar als Ersatzbegriff für Komplementarität vorgeschlagen!), was besagt, daß die zunehmende Genauigkeit der Simultanmessung einer von zwei komplementär gekoppelten Größen mit der zunehmenden Ungenauigkeit der komplementären Größe erkauft werden muß, und daß

3. die Komplementaritätssituation zu der erkenntnistheoretisch eindeutigen Konsequenz führen muß, daß neben die dualen Entscheidungen „ja — nein" logisch gleichberechtigt die Qualität „ja und nein", also neben „entweder — oder" die Aussage „sowohl — als auch" gleichberechtigt treten kann bzw. muß.

Die Philosophie vom Wesen des Ganzen zu seinen Teilen, wie sie HEISENBERG in seinem Buch „Der Teil und das Ganze" [8] so klar beschrieben hat, führt zu dem Schluß, daß „Komplementarität" tatsächlich einen Zustand voraussetzt, der logisch keine Teilbarkeit zuläßt und der damit das eigentliche „Un-Teilbare", wie es der antike Atombegriff präjudiziert, logisch festschreibt: antike Vorstellung und modernste Erkenntnis begegnen sich in diesem Punkte.

Hier ist einzuräumen, daß auch die andere Konsequenz der Teilchenphysik, das Unschärfeprinzip HEISENBERGS, uneingeschränkt auf den biologischen Bereich über-

[1]) zitiert nach K.-M. MEYER-ABICH [14], S. 186

tragen werden muß, sofern auf molekularbiologischer Ebene gedacht oder gar gearbeitet werden soll. Dies hat in jüngster Zeit besonders der amerikanische Zell-Biochemiker McGIFF am Beispiel der hochaktuellen Prostaglandin- und Thromboxanforschung demonstriert. Jede geringste Manipulation am Gewebe stört jenes Meßobjekt der Prostaglandine, von denen noch Konzentrationen von 10^{-11} Mol (d. h. theoretisch etwa 1 Prostaglandinmolekül auf 10 Zellen!!) wirksam sind [13].

Es ist daher vollständig richtig, wenn MEYER-ABICH formuliert [14], daß von einem Ganzen keine andere als eine komplementäre Beschreibung gemacht werden könne — vorausgesetzt, daß hier der Terminus „komplementär" im Sinne der Komplementarität begriffen, nicht aber etwa im Sinne von „Komplementierung" mißverstanden wird.

Aus der Situation des mikrophysikalischen Grenzfalles heraus, der zur Nötigung wurde, den neuen Begriff der Komplementarität einzuführen, hatte BOHR selbst schon in weitsichtiger Weise gefolgert, daß nunmehr erkenntnistheoretisch „a sharp seperation between object and subject" nicht mehr möglich sei [21].

Wenn BOHR diese Erkenntnis bis zu der fast künstlerisch zu nennenden Formulierung erweiterte: „Wir sind zugleich Zuschauer und Mitspieler im großen Drama des Lebens" [5], so führt uns dieser Gedanke direkt zu einem der wichtigsten Probleme der Medizin, das sich im Gegenübertreten von Arzt und Patient offenbart, im ganzen ungeheuerlichen Umfang der damit gegebenen Szene. Ich betonte eingangs, daß der Mensch nicht nur eine psychophysische und eine chronobiologische Ganzheit repräsentiert, sondern auch eine biosoziologische; das bedeutet auf die Begegnung Arzt — Kranker bezogen, daß hier eine Wechselwirkung ganz spezifischer Natur stattfindet, in welcher — und das ist für die Güte, mit der der Arzt seinen humanitären und/oder gesellschaftlichen Auftrag, den der Hilfeleistung, tatsächlich erledigen kann, von ausschlaggebender Bedeutung — daß also hier eine Wechselwirkung auftritt, in welcher nicht nur der Arzt den Kranken beeinflußt, sondern auch der Kranke den Arzt.

Es gibt also nicht nur „die Droge Arzt" — wie man das vulgär genannt hat —, sondern auch, wenn wir so wollen, die „Droge Patient". Es ist das dialogische Prinzip in der ärztlichen Kommunikation, wie es MARTIN BUBER so deutlich analysiert hat [6], begründet auf der Tatsache, daß der Kranke sich stets präsentiert mit „einem Körper, den er hat und einem Leib, der er ist", wie es GABRIEL MARCEL ausgedrückt hat [12]. In der psychotherapeutischen Methode des sogenannten „Psychodramas" nutzt MORENO bekanntlich dieses Prinzip: der Arzt ist dabei sowohl „Zuschauer als auch Mitspieler" zugleich, um auf diese Weise einen möglichst wirksamen Zugang zur unerschlossenen und schwer erschließbaren psychischen Landschaft des Kranken zu finden [15].

Das vorhin erwähnte Zitat MEYER-ABICHS, daß von einem Ganzen keine andere als eine komplementäre Beschreibung gemacht werden könne, eröffnet mit der Vokabel „Beschreibung" eine weitere wichtige Überlegung, die eine Folgerung aus der Komplementarität selbst ist: Für die Darstellung eines Komplementaritätsgeschehens kann es keine im Sinne der exakten klassischen Physik geltende Definition geben; an ihre Stelle tritt die (in diesem speziellen Falle statistische) „Beschreibung", es werden keine Zustände definiert, sondern Verhaltensweisen beschrieben, die Unbestimmtheit erlangt den Charakter einer bestimmenden Kategorie. In einem erweiterten Sinne wird desgleichen das „Gesetz" zur „Wahrscheinlichkeit", ergänzen sich „Struktur" und „Funktion" zu der Kategorie „Verhalten", erweitert sich die „Sinnesphysiologie" zur Kategorie „Erlebnis", im Sinne der chronobiologischen Ganzheit ist tatsächlich das Sich-Stets-Wandelnde das Stets-Gleichbleibende, ganz im GOETHEschen Verständnis. Ich möchte es, etwas überspitzt, so sagen: Mit der Feststellung des Tatbestandes, daß in der Physik — ich wiederhole das Zitat MEYER-ABICHS — Objekte zu beurteilen waren, in deren Verhalten Individualität offenbar geworden war, ist ein Brückenschlag zwischen der Physik und der Biologie elementaren Charakters erfolgt, und mit der Bestätigung der Komplementarität als unabdingbares wissenschaftliches Operationsinstrument ist der wichtigste gemeinsame Nenner geistes- und naturwissenschaftlicher Erkenntnis gefunden worden. Für die Medizin bedeutet dies, daß „Ganzheit" nicht mehr eine idealistische sondern eine wissenschaftlich begründbare Kategorie geworden ist, mit all ihren Konsequenzen. Dies erscheint zunächst als ein medizinphilosophisches und damit ideologisch sehr bedeutsames Faktum.

Ohne daß weiter ausgeholt zu werden braucht, sollte nun untersucht werden, welche praktischen Nutzanwendungen unter dem Blickwinkel der Komplementarität für die Medizin auf folgenden drei Ebenen zu diskutieren wären:

— die Ebene der Diagnose,
— die Ebene der Therapie (s. dazu JORDAN [10]) und
— die Ebene Medizin als Wissenschaft.

Der Schwerpunkt liegt dabei wohl im Problemkreis der psychophysischen Ganzheit. Die Menschen unserer Gegenwart begegnen der Medizin vordergründig von szientistischen, technisch-operativen und/oder perfektionistischen Grundvorstellungen aus. Der Arzt tritt nur zu oft hinter der Technik der Diagnostik und Therapie zurück — einer Technik, die für den Kranken auf manchen Stufen ihre sachliche Verstehbarkeit verloren hat — gerade deshalb muß es im Interesse der psychophysischen Ganzheit besonders intensiv gesucht und gepflegt werden, möglichst viel über die psychische Seite der Krankheit, nicht zuletzt aber auch über die psychische Aktion — nicht eben nur die Re-Aktion — des Kranken zu erfahren. Erinnern wir uns, daß „Diagnose" wörtlich „Durchschauen" bedeutet! — Indessen hat sich heute bereits da und dort der Begriff „Diagnose" zu dem der „Perignose" weiterentwickelt, wie sie aus dem Problemkreis der bio-soziologischen Ganzheit heraus zu fordern ist. Diese Perignose ist schließlich noch hinsichtlich der chronobiologischen Ganzheit zu erweitern; man könnte den Begriff „Chronognose" in diesem Zusammenhang gebrauchen.

Für die Therapie ergäbe sich die Überlegung, daß jede Form der helfenden Einflußnahme des Arztes und auch seiner Hilfspersonen grundsätzlich psychische und physische Wirkungen ausübt, und daß jede Therapie grundsätzlich vom Kranken in physischer und psychischer Weise quittiert wird. Jede Therapie hat deshalb „Neben"-wirkungen im strengen Sinne des Wortes — nicht nur schädliche, sondern auch ebensolche nützliche! Dabei ist ständig mit der Unbestimmtheit der Wirkungen zu rechnen — nicht nur im Sinne der landläufigen Unbestimmbarkeit, sondern der Unbestimmtheit im Sinne der Komplementarität! Also treten als sicher zu bezeichnende Therapiewirkungen mit ebensolcher Sicherheit da und dort nicht ein, oder werden „sichere" Nebeneffekte nicht wirksam. So wissen wir z. B., daß rote Placebo-Pillen aggressiver, blaue dagegen sedativer wirken, daß grüne objektiv stärker wirksam sind als gelbe [20]! Schon von jeher galt unter Medizinern der scherzhafte Satz: „Man kann in der Medizin ganz sicher sein, daß es in der Medizin nichts ganz Sicheres gibt."
Im Blickwinkel der Komplementarität muß auch gefordert werden, daß jedes Thera-

pieprinzip nicht nur von der Idee des Kampfes gegen das Kranke aus diktiert werden kann, sondern muß zugleich auf die Unterstützung des Patienten in seinen hygiogenetischen Potenzen gerichtet sein: mit anderen Worten, Therapie soll nicht nur einen Schaden abwenden, sondern auch einen Nutzen — eben den der körpereigenen bionomen Leistungen — mehren. Entlastung (im gedanklich breitesten Sinn) muß mit Belastung (im konstruktiven Sinn) optimal in vertikaler wie horizontaler Ebene des Krankheitsprozesses gekoppelt werden — ein altes Konzept der Medizin, vielleicht insbesondere der Physiotherapie [9]. Damit ist die Brücke bereits zur Forderung der „Chronotherapie" geschlagen, die im Sinne der chronobiologischen Ganzheit zu fordern ist! Sie würde einen Ringschluß von primär-präventiven, therapeutischen, sekundärpräventiven und rehabilitativen Maßnahmen erfordern — ein Ziel, zu dessen Verwirklichung gerade eben die ersten bedeutsamen gesundheitspolitischen und wissenschaftlichen Ansätze gemacht werden! Es ist klar, daß gerade auch von dieser Notwendigkeit zur langfristigen Therapie her besondere Forderungen an solche Therapiemaßnahmen zu stellen sind, die möglichst risikoarm sind. Man kann nicht einem Kranken, der vor den lebensbedrohlichen Stoffwechselfolgen einer ständigen Luxusernährung bewahrt werden soll, die chronische Einnahme von Appetitzüglern empfehlen, die mit großer Sicherheit zur Entwicklung einer Hypertonie mit Lungenembolie führen, wo einfache diätetische und physiotherapeutische Vorschriften vollauf genügen [7]!

Ganz nüchtern und schlagwortartig lassen sich aus alldem einige Forderungen an die medizinische, vor allem die Therapieforschung vielleicht so ausdrücken:

1. Orientierung auf Therapiestrategien und -taktiken anstelle der Wirkungsanalyse einzelner Therapiekomponenten (deren Notwendigkeit an sich nicht bezweifelt werden soll);

2. Eingehendes Studium der Verhaltensweisen der Kranken unter einer bestimmten Therapie zur Ermittlung relevanter Randbedingungen der therapeutischen Taktik für differenzierte Reaktionen der Patienten einer nach grobem Kalkül „homogen" zu nennenden Gruppe; d. h. nicht nur die Orientierung auf die Frage: Ist die vorhergesagte Wirkung eingetreten oder nicht?, sondern auch auf die Frage: Wie (und wann) ist diese Wirkung eingetreten (oder ausgeblieben)?

3. Einbeziehung der sogenannten Placebotechnik nur im Sinne einer psychosomatischen Komplementaritätsforschung, nicht als letztgültiges Entscheidungskriterium über eine therapeutische Leistung;

4. Ausrichtung der Therapieforschung auf chronophysiologische und/oder chronopathologische Aspekte als Klassifizierungsmerkmal.

Diese Beispiele, nur als Diskussionsmaterial gedacht, mögen hier genügen.

Eine weitere Konsequenz ist, daß an das wissenschaftliche Vorgehen der Medizin nicht allein der Maßstab physikalischer, chemischer und mathematischer Methoden angelegt werden darf. Selbstredend muß sich die Medizin all dieser damit gegebenen Mittel bedienen — aber nur so lange, solange sie damit nicht ihre ganzheitlich orientierte Zielstellung verleugnet oder — schlimmstenfalls — untergräbt. Die Entwicklung der Biochemie, der Biophysik, der Biomathematik hat hier schon Pionierarbeit geleistet; die moderne Verhaltensforschung ist der begrüßenswerte weitere Fortschritt in dieser Richtung. Aber aus gleicher Ganzheitsorientierung heraus ist an die Unersetzlichkeit der Krankenbeschreibung (nicht nur der Erstellung von Befundbögen) zu erinnern; Beschreibungen im Sinne einer ikonischen, nicht nur einer semantischen

Anschaulichkeit. Denn Krankheit hat nicht nur ein wissenschaftliches Wesen, sondern vor allem eine subjektive Bedeutung für den Kranken. Im Hinblick auf die grundlegenden Arbeiten MÜLLER-SUURS formuliert BLANKENBURG: „Ein vollständiger Begriff der Krankheit muß also ... hinter allen einzelnen symptomatologisch isolierbaren Krankheitsvorgängen das Wesen des persönlichen Krankseins als anthropologischen Sachverhalt berücksichtigen“ [4]. Wie sehr Krankheitsbefund und Krankheitserlebnis gegebenenfalls auseinanderklaffen, weiß jeder Arzt. Gerade dieser Umstand macht die anschauliche Dokumentation besonders wichtig — ins nahezu Unerfüllbare gesteigert, wenn der Kranke gezwungen ist, den Arzt und die Therapeutik öfter wechseln zu müssen. Die „ikonische Anschaulichkeit“ wäre vielleicht am deutlichsten mit der GOETHEschen Forderung: „das Angeschaute zugleich denken“ zu identifizieren, jenem Phänomen der, wie er es nennt, „anschauenden Urteilskraft“, welches GOETHE allein als tauglich erachtet, „organische Naturen“ zu begreifen.

Was aber ist dann nun ärztliche Wissenschaft? Wir können getrost — und besonders als Ärzte können wir dies — der Formulierung des vorzüglichen Synoptikers der modernen Naturwissenschaften BERNHARD BAVINK folgen: „Wissenschaft ist jede logische Verknüpfung von Tatsachen“ [1], wobei eben wiederum im Sinne der Komplementarität unter „Tatsachen“ nicht nur Befunde im Sinne der klassischen Physik, sondern auch der modernen Mikrophysik zu verstehen sind, also auch Erfahrungen und Möglichkeiten mit gewissem hohen Wahrscheinlichkeitsgrad. Denn gälte diese Behauptung BAVINKS nicht, dann hätte ja spätestens mit der Geburtsstunde der Komplementaritätsnotwendigkeit auch die Todesstunde der Wissenschaftlichkeit geschlagen. Wissenschaft kann, so meine ich, überhaupt nur in der Komplementarität der Gegensatzpaare

- Erfahrung und Idee (etwa im Sinne der SCHILLERschen Deutung von GOETHES Metamorphose),
- Verstand und Vernunft (im GOETHEschen Sinne auf das Gewordene und das Werdende gerichtet) oder
- Spekulation und Intuition (in dem Sinne, in dem SCHILLER seinen Unterschied zu GOETHE selbst formulierte)

betrieben werden. Ich zitiere K. J. SCHRÖER: „Wenn wahrhaft wissenschaftliche Methode dort gefunden wird, wo der Forscher nichts gelten läßt, was das Objekt selbst nicht ausspricht ..., dann war GOETHES intuitive Methode eine wahrhaft wissenschaftliche.“ [19]. Ich bin mir natürlich klar darüber, daß sich hier die Grenzen dessen, was noch postuliert werden kann, in Richtung bloßer Analogien aufzuweichen beginnen — indessen war ja dieser Beitrag von vornherein nicht als Postulat, sondern als Diskussionsebene eingeplant.

Ein kurzer Schlußgedanke möge folgen: Unser Rundtischgespräch der SAW stand unter dem Titel: „Die Komplementarität von Teil und Ganzem — als supradisziplinäres Problem“, und es waren Beiträge — ich zitiere — „aus der Physik und den angrenzenden Disziplinen, physikalische Chemie, Chemie, Geowissenschaften, Biologie und schließlich auch Medizin“ — Ende des Zitats — gefordert. Der Verfasser dieses Vorwortes hat — vielleicht unbewußt, vielleicht in guter Vorahnung — die Formulierung „und schließlich auch die Medizin“ gewählt, damit nicht nur eine Reihenfolge, sondern wohl auch eine Rangfolge andeuten wollend. Denn je weiter man sich von dem extremen physikalischen Grenzfall, der die Komplementarität gewissermaßen gebar, entfernt und sich der Biologie oder eben sogar der Medizin nähert, um so weniger gut anwendbar wird der Komplementaritätsbegriff selbst z. B. insofern, als mit ihm ja die Simultaneität der Beobachtung, die wechselseitige Einschränkung oder sogar Ausschließlichkeit definitiv verbunden ist. So scheint es, daß mit wachsendem Übergreifen der Organisation von Systemen, also etwa der Übergang von einfachen stimulus-response-Systemen zu solchen mit selbstregulierender offener hierarchischer Ordnung (SOHO-Systeme nach KOESTLER beispielsweise [11]), auch die Fähigkeit dieser Gebilde wachsen, gerade diese Zwänge der Simultaneität und der Ausschließlichkeit zu umgehen. Ich erwähne dies nicht aus naturphilosophischer Sicht, sondern weil meines Erachtens im unterschiedlichen Befähigungsgrad dieser Systeme, als Ganzes im komplementären Sinne zu reagieren, der Grund dafür liegt, wie und in welchem Maße sich endogen oder exogen verursachte Störungen zu Krankheitsprozessen unterschiedlicher Erlebnisqualitäten und Beherrschbarkeit herausbilden.

Aus diesem Blickwinkel scheint es erforderlich, einen neuen Aspekt in die Komplementaritätsdiskussion einzubeziehen: Seit einigen Jahren wird in der theoretischen Biologie der Aspekt des sogenannten „feedforward" oder des „negativen feedback" erörtert. Dieses Prinzip ist (obwohl schon 1787 als mechanisches Hilfsmittel in der Mühlentechnologie beschrieben) bisher nur vereinzelt im technischen Bereich (elektrische Schaltkreise) eingesetzt worden (BLACK [3]). ROSEN hat seine Anwendung auf biologischem Gebiet erörtert [16]. SAVAGEAU und JACKNOW entwickelten dazu am Beispiel der Biosynthese von Aminosäuren ein biomathematisches Modell [18]. SABA konnte einen derartigen „negativen feedback" für die Funktion des reticuloendothelialen Systems sehr wahrscheinlich machen [17], und BEIER beruft sich auf dieses Prinzip in seinen „Systemtheoretischen Aspekten der Seneszenz" [2]. Aus all diesen Ergebnissen drängt sich der Gedanke auf, daß „feedforward- und feedback-modifier" in einem Komplementaritätsverhältnis stehen müssen. Die Konstanz eines Netzwerk- bzw. Komplexsystems fordert das logische Gegenstück eines „negativen feedback" zum „feedback" wohl zwingend heraus. Eine ständige Wechselwirkung von feedforward- und feedback-Prozessen, deren Besonderheit in der Simultaneität von Information und Leistungsvergleich — also ohne Zeitverlust — liegt, scheint für die Komplexgestalt der biologischen Funktionen als eine unerläßliche Voraussetzung.

Ich hoffe, daß meine Ausführungen, zu denen ich mich nur sehr zögernd habe durchringen können, sich nicht zu weit von der Komplementarität im eigentlichen Sinne entfernt haben, also nur eine Aufzählung von Ergänzungsbedürftigkeiten darstellen, die der Medizin — vornehmlich der unserer Tage — anhaften. Der Aufsatz sollte dazu dienen, den Begriff der Komplementarität als eine unverzichtbare Grundanschauung auch in der Denkwelt der Medizin, des Kranken und des Arztes, verankern zu helfen, eine Grundanschauung, die als naturwissenschaftliche Erkenntnis eine uralte Grunddee der Humanmedizin untermauert.

Literatur

[1] BAVINK, B.: Ergebnisse und Probleme der Naturwissenschaften; 10. Aufl., S. Hirzel Verlag, Zürich 1954, S. 452.

[2] BEIER, W.: Systemtheoretische Aspekte der Seneszenz; Z. Alternsforsch. **35** (1980) 5, 349 bis 353.

[3] BLACK, H. S.: USA-Patent 1686. 792/1924 (zit. n. [18]).

[4] BLANKENBURG, W.: Ein Beitrag zum Normproblem; *in*: Die Wirklichkeit des Unverständlichen — Prof. Dr. med. HEMMO MÜLLER-SUUR zum 60. Geburtstag gewidmet; hrsg. v. J. M. BROEKMAN u. GUNTER HOFER; Nijhoff, Den Haag 1974, S. 12—24.

[5] BOHR, N.: Atomtheorie und Naturbeschreibung. Vier Aufsätze mit einer einleitenden Überschrift; Verlag J. Springer, Berlin 1931.

[6] BUBER, M.: Ich und Du; *in*: Das dialogische Prinzip; Lambert-Schneider Verlag, Heidelberg 1973.

[7] GURTNER, H. P., M. GERTSCH, C. SALZMANN, M. SCHERRER, P. STUCKI und F. WYSS: Häufen sich die primär vaskulären Formen des chronischen Cor pulmonale? Schweiz. med. Wochenschr. **98** (1968), 1579—1589 u. 1695—1707.

[8] HEISENBERG, W.: Der Teil und das Ganze; Gespräche im Umkreis der Atomphysik; R. Piper & Co., München 1969.

[9] JORDAN, H.: Belastung und Entlastung in Pathogenese und Hygiogenese. Eine Konzeption zur Physiotherapie; Diaita **13** (1967), 3—6.

[10] JORDAN, H.: Ganzheitstherapie? (Vortrag Berlin 5. 12. 1980, Symposium z. 75jährigen Bestehen des Lehrstuhles für Physiotherapie); Z. Physiother. **34** (1982) 15—21.

[11] KOESTLER, A.: Jenseits von Atomismus und Holismus — der Begriff des Holons; *in*: Das neue Menschenbild — die Revolutionierung der Wissenschaften vom Leben. Ein internationales Symposium; hrsg. v. A. KOESTLER u. J. R. SMYTHIES; Fritz Molden, Wien—München —Zürich 1970, S. 192—216.

[12] MARCEL, G.: Etre et avoir; ed. Montaigne, Paris. Deutsche Fassung: Sein und Haben; F. Schöningh, Paderborn 1968.

[13] MCGIFF, J. C.: New developments in prostaglandin and thromboxan research; Fed. Proc. **38** (1979), 64—65 und: Prostaglandins, Thromboxanes and Circulatory Diseases: Das Medizinische Prisma (C. H. Boehringer, Ingelheim) **1** (1981).

[14] MEYER-ABICH, K.-M.: Korrespondenz, Individualität und Komplementarität. Eine Studie zur Geistesgeschichte der Quantentheorie in den Beiträgen NIELS BOHRS; *in*: Boethius, Bd. V; Fr. Steiner Verlag G.m.b.H., Wiesbaden 1965.

[15] MORENO, J. L.: Gruppenpsychotherapie und Psychodrama: Einl. in d. Theorie u. Praxis; Thieme, Stuttgart 1959.

[16] ROSEN, E.: Complexity and error in cybernetic systems; Int. J. Gen. Syst. **1** (1974), 245.

[17] SABA, TH. M.: Physiology and Physiopathology of the Reticuloendothelial System; Arch. Intern. Med. **126** (1970), 1031—1051.

[18] SAVAGEAU, M. A., und G. JACKNOW: Feedforward Inhibition in Biosynthetic Pathways: Inhibition of the Aminoacyl-tRNA Synthetase by Intermediates of the Pathway; J. theor. Biol. **77** (1979), 405—425.

[19] SCHRÖER, K. J.: Vorwort; *in*: Goethes Werke 33. Teil: Naturwiss. Schriften, 1. Bd., hrsg. v. RUD. STEINER; *in*: Dtsch. Nation. Lit., histor. krit. Ausg., hrsg. v. JOS. KÜRSCHNER, 114. Bd.; Verlag v. W. Spemann, Berlin u. Stuttgart 1883.

[20] SHAPIRA, K., H. A. MCCLLELAND, N. R. GRIFFITHS, und D. J. NEWELL: Brit. med. J. **2** (1970), 446—449.

[21] Siehe Literaturzitat [14], a. a. O., S. 173 (Originaltext von N. BOHR).

DIE ERWEITERUNG DES BOHRSCHEN KOMPLEMENTARITÄTSBEGRIFFS IM BEREICHE DES QUANTIFIZIERBAREN UND DIE ROLLE DES FOURIERSCHEN INTEGRALTHEOREMS HIERBEI

von

WOLFGANG BUCHHEIM

Die voranstehenden Beiträge zur Komplementarität haben zweierlei deutlich gemacht:

1. Gleich eingangs erinnert der Beitrag von A. LÖSCHE in verdienstvoller Weise daran, daß Komplementarität (im folgenden mit K. abgekürzt) nach BOHR bereits auf dem Boden der Physik nicht an Mikrophysik oder Quantenphysik gebunden ist, sondern daß das K.-Phänomen — nach der im Vorwort gegebenen, verallgemeinerten (h-freien) Definition — bekanntermaßen schon in allen klassischen Wellentheorien auftritt: Bandbreite und Signalbreite schränken sich gegenseitig ein, wie heute jedem Übertragungstechniker geläufig ist. Selbstverständlich fehlt hier dieser Einschränkung jener Zug von Stochastik, von dem in den klassischen Feldtheorien noch abstrahiert werden kann, der aber die Quantenphysik unabdingbar und wesentlich kennzeichnet: Das „Element der Irrationalität", wie BOHR es genannt hatte.

2. Außerhalb der Physik indessen deutet sich K. auf zweierlei recht verschiedene Weise an: Einmal in den beschreibenden Wissenschaften, z. B. der Geographie, in gewissen „komplementär" erscheinenden Charakteren von Methoden und Darstellungsweisen (s. den Beitrag von E. NEEF). Von diesen könnte aber nicht, wie es anderweitig der Fall ist, gesagt werden, daß ihre Anwendung das Objekt verändere. Die gewonnenen Ergebnisse sind in zeitlicher Hinsicht unabhängig von der Reihenfolge ihrer Gewinnung, sind aber an einen Stichtermin gebunden. Zum anderen aber tritt wohl in allen Wissenschaften, die es in irgendeiner unmittelbaren Weise mit Lebewesen zu tun haben, K. untrennbar mit eingriffsbedingter Störung auf, wenn von Lebewesen überhaupt etwas Allgemeinverbindliches in Erfahrung gebracht werden soll, wie z. B. in der experimentellen Physiologie (s. die Beiträge von B. L. LUEKEN und H. DRISCHEL) oder in der medizinischen Diagnostik kombiniert mit Therapie (s. den Beitrag von H. JORDAN). Die Situation ist auf dem Boden der Biologie — von der Molekularbiologie bis hin zur Populationsdynamik und Ökologie — im Prinzip nicht anders (s. die Beiträge von H. BERG und H.-J. MÜLLER). Da sich Molekularbiologie und Physiologie zumindest in ihren heutigen Grundvoraussetzungen schon recht eng mit Quantenphysik berühren, erscheint der Beitrag von W. HOLZMÜLLER als kritischer Essay über W. HEITLERS Studie [1] besonders wichtig.

Es kann kaum einem Zweifel unterliegen, daß sich neben immer wieder in den Diskussionen aufgetauchten — und auch zu erwartenden — leicht irreführenden „Komplementationen" echte, aber bisher quantitativ nicht zu erfassende K. zeigten. Sie würden als solche erst wirklich erkennbar sein, wenn Statistiken über quantitative Parameter herangezogen werden könnten. Das ist heute nicht nur in allen Naturwissenschaften, sondern darüber hinaus in der Medizin und in vielen Gesellschaftswissen schaften etwa bis hin zur Linguistik leicht möglich. Damit stellt sich die Frage, auf welche Weise außerhalb der Physik K. — im Sinne des Vorwortes — auf quantitativer Ebene, also letzten Endes durch Statistik über die Streuung quantifizierbarer Parameter nachweisbar gemacht werden könnte, wenn diese paarweise Situationen zugeordnet werden, die intuitiv als komplementär empfunden werden. Hierfür einen mathematisch fundierten Weg aufzuzeigen und zugleich ein mathematisch gefaßtes Kriterium für das Auftreten des echten K.-Phänomens zu geben, ist das Anliegen dieses Beitrages.

In der Quantenphysik ist die K. faktisch stets mit dem PLANCKschen Wirkungsquantum h verbunden. Diese Naturkonstante dokumentiert sich hier (s. insbesondere den Beitrag von H.-G. SCHÖPF) — gewissermaßen handgreiflich — mit dem Auftreten eines kleinsten Drehimpulses $h/4\pi$ (Spin 1/2) in der Mikrowelt und nach W. HEISENBERG [2, 3] mit einem minimalen Betrage des sogenannten „Unschärfeproduktes"

$$P_u = \overline{(\Delta p)^2} \cdot \overline{(\Delta q)^2} = \text{Minimum} \tag{1}$$

von irgendzwei kanonisch konjugierten Observablen p und q, die nach HAMILTON einem klassischen Modell des in Frage stehenden quantenmechanischen Systems zugeordnet werden können. In diesem Sinne ist die primäre BOHRsche K. zutiefst in klassischer Physik verwurzelt. HEISENBERG wählte für die wohl sinnfälligste Demonstration in einer sehr bekannt gewordenen Arbeit von 1927 [2] als einfachstes quantenmechanisches System das freie Elektron (Masse m) und als kanonisch konjugiertes Observablenpaar Bewegungsgröße (Impuls) $p \equiv mv_x$ und Ortskoordinate $q = x$

$$P_u = \overline{(\Delta\,(mv_x))^2} \cdot \overline{(\Delta x)^2}. \tag{2}$$

Dieses Beispiel wird nun — innerhalb wie besonders aber außerhalb der Physik — noch heute weithin dahingehend mißverstanden, daß eine Unschärfebeziehung nur zwischen Lagekoordinate und zugeordnetem Impuls bestehe und sich darin der elementare Dualismus von Teilchen und Welle erschöpfe. In Wahrheit gilt sie aber für jedes Paar von (observablen oder auch inobservablen) Parametern, die das LAGRANGE-HAMILTON-Schema der Physik — über die Klassik hinaus — einander zuordnet. Die quantenphysikalischen Konsequenzen des äußerst flexiblen und weitreichenden Formalismus sind erstaunlich, können aber an dieser Stelle nicht weitergehend erörtert werden (s. die einschlägigen Darstellungen der heutigen Quantenphysik).

HEISENBERG leitete die Unschärferelation für ein beliebiges Paar p, q, dessen Meßwerte im unbeschränkten Intervall $\langle -\infty, +\infty \rangle$ liegen, präzise mittels der „statistischen Transformationstheorie der Quantenmechanik" ab [3]. Hierbei wird in der sogenannten Ortsdarstellung $S(q)$ des Systemzustandes (identisch mit SCHRÖDINGERS Feldskalar $\psi(q)$ und dem Impulsoperator [4, 5]

$$p = \frac{h}{2\pi i} \frac{\partial}{\partial q} \tag{3}$$

gefunden

$$\text{Min}\, P_u = \frac{1}{4} \left(\frac{h}{2\pi}\right)^2 = \frac{1}{4}\,\hbar^2 \qquad \hbar = \frac{h}{2\pi} \tag{4a}$$

mit der Extremalen

$$S(q) = S_0 \cdot \exp\left\{-\frac{(q-\bar{q})^2}{4\overline{(\Delta q)^2}} - \frac{\hbar}{i}(q-\bar{q})\,\bar{p}\right\} \tag{4b}$$

(S_0 ist eine durch Normierung festlegbare Konstante). Hierbei sind die Mittelwerte (Erwartungswerte) $\bar{p}$ von p bzw. $\bar{q}$ von q sowie die mittlere quadratische Abweichung

$$\overline{(\Delta q)^2} = \overline{(q-\bar{q})^2} = \overline{q^2} - (\bar{q})^2 \tag{4c}$$

frei vorgebbar. Für $\overline{(\Delta p)^2}$ gibt es dann eine untere Schranke

$$\text{Min}\,\overline{(\Delta p)^2} = \frac{\hbar^2}{4\overline{(\Delta q)^2}} \tag{4d}$$

die angenommen wird, wenn nach (4b)

$$|S(q)|^2 = |S_0|^2 \cdot \exp\left\{-\frac{(q-\bar{q})^2}{2\overline{(\Delta q)^2}}\right\} \tag{4e}$$

die bekannte GAUSSsche Fehlerfunktion ist. Da die Mittelwerte $\bar{p}$ bzw. $\bar{q}$ nur von der Wahl des speziellen Koordinatensystems abhängen und damit keine eigentlich physikalische Bedeutung haben, können sie unbeschadet des Ergebnisses a posteriori gleich Null gesetzt werden.

Mit der Normierung von $S(q)$ auf Eins, die $|S(q)|^2$ zur Häufigkeitsverteilung für q in dem durch $S(q)$ beschriebenen quantenphysikalischen Zustande macht, kann das Minimierungsproblem in das Variationsproblem für den stets positiv-definiten Ausdruck

$$\hbar^2 \cdot \int_{-\infty}^{+\infty} \mathrm{d}q\, q^2 |S(q)|^2 \cdot \int_{-\infty}^{+\infty} \mathrm{d}q \left|\frac{\partial S}{\partial q}\right|^2 = \text{Min} \tag{5a}$$

mit der Normierungsbedingung

$$\int_{-\infty}^{+\infty} \mathrm{d}q\, |S(q)|^2 = 1 \tag{5b}$$

übergeführt werden. $S(q)$ ist mit der SCHRÖDINGERschen Wellenfunktion $S(q)$ im Ortsraum (Ortsdarstellung) identisch.

In (5) ist der konstante Faktor S_0^2 unwesentlich; er fällt bei der Normbildung (4e) in der Tat heraus und beschreibt eine inobservable raumzeitliche Abhängigkeit von S bzw. ψ, die sogenannte „Materiewelle" (DE BROGLIES „Phasenwelle") des freien Elektrons.

Die Verzichtbarkeit auf $\hbar^2$ als Faktor in (5a) hat aber nun für die Erweiterung der K. in Gebiete außerhalb der Physik eine höchst bedeutsame Konsequenz:

Das nun übriggebliebene h-freie Variationsproblem stiftet nämlich ein Unschärfeprinzip für irgendzwei „reziproke" Parameter r und s, die lediglich die folgenden Bedingungen erfüllen müssen:

1. Das Produkt rs ist dimensionslos, d. h. eine „unbenannte" Zahl in jedem beliebigen Maßsystem. Im übrigen bleibt die anschaulich-erkenntnismäßige Bedeutung von r und s völlig offen.

2. Sind r und s stochastische Größen mit normierbaren Häufigkeitsverteilungen

$$H_r(r) \geqq 0 \quad \text{bzw.} \quad H_s(s) \geqq 0, \tag{6}$$

so sind

$$H_r(r) = |f(r)|^2 \quad \text{und} \quad H_s(s) = |g(s)|^2$$

über das FOURIERsche Integraltheorem [6] mit den dort auftretenden, sich gegenseitig bedingenden Funktionen

$$f(r) = \int_{-\infty}^{+\infty} \mathrm{d}s \, \frac{\exp(\mathrm{i}rs)}{\sqrt{2\pi}} \, g(s), \qquad g(s) = \int_{-\infty}^{+\infty} \mathrm{d}r \, \frac{\exp(-\mathrm{i}rs)}{\sqrt{2\pi}} \, f(r) \tag{7}$$

verbunden. ($f(r)$ und $g(s)$ sind nach (7) abhängig voneinander, da jede der beiden Integralgleichungen jeweils die Lösung der anderen bedeutet.)

Sind $\varphi(r)$ bzw. $\chi(s)$ ganze rationale Funktionen jeweils von r bzw. von s, so gilt nach bekannten Sätzen über das FOURIERsche Integraltheorem [6] mit (7) für die Erwartungswerte $E(\varphi(r))$ bzw. $E(\chi(s))$

$$E(\varphi(r)) = \int_{-\infty}^{+\infty} \mathrm{d}r \, \varphi(r) \, |f(r)|^2 = \int_{+\infty}^{+\infty} \mathrm{d}s \, g^*(s) \left\{\varphi\left(-\frac{1}{\mathrm{i}}\frac{\partial}{\partial s}\right) g(s)\right\}, \tag{8a}$$

$$E(\chi(s)) = \int_{-\infty}^{+\infty} \mathrm{d}s \, \chi(s) \, |g(s)|^2 = \int_{-\infty}^{+\infty} \mathrm{d}r \, f^*(r) \left\{\chi\left(\frac{1}{\mathrm{i}}\frac{\partial}{\partial r}\right) f(r)\right\}. \tag{8b}$$

Hierin bedeutet * den konjugiert-komplexen Wert, und die geschweiften Klammern sind als hermitesche Differentialoperationen[1]) aufzufassen. Gebrauch wird gemacht von der bekannten FOURIERschen Integraldarstellung [7]

$$f(x) = \frac{1}{2\pi} \int_{-\infty}^{+\infty} \mathrm{d}r \int_{-\infty}^{+\infty} \mathrm{d}s \, \exp(\mathrm{i}x(r-s)) \, f(s). \tag{9}$$

Wird speziell $\varphi(r) = r^2$, $\chi(s) = s^2$ gesetzt, so folgt für das Unschärfeprodukt reziproker Parameter r und s speziell mit der Normierung

$$\int_{-\infty}^{+\infty} \mathrm{d}r \, |f(r)|^2 = \int_{-\infty}^{+\infty} \mathrm{d}s \, |g(s)|^2 = 1 \tag{10}$$

[1]) Hermitizität muß gefordert werden, weil Erwartungswerte stets reell sein müssen. (Siehe z. B. E. MADELUNG, Die mathematischen Hilfsmittel des Physikers. Springer-Verlag 1950.)

wegen (8b) nach partieller Integration des 2. Faktors in genauer Analogie zu (5a)

$$P_U \int\limits_{-\infty}^{+\infty} \mathrm{d}r\, r^2 |f(r)|^2 \cdot \int\limits_{-\infty}^{+\infty} \mathrm{d}s\, s^2 |g(s)|^2 = \int\limits_{-\infty}^{+\infty} \mathrm{d}r\, r^2 |f(r)|^2 \cdot \int\limits_{-\infty}^{+\infty} \mathrm{d}r\, f^*(r) \left(-\frac{\partial^2 f(r)}{\partial r^2}\right)$$

$$= \int\limits_{-\infty}^{+\infty} \mathrm{d}r\, r^2 |f(r)|^2 \cdot \int\limits_{-\infty}^{+\infty} \mathrm{d}r \left|\frac{\partial f(r)}{\partial r}\right|^2 = \mathrm{Min}\, P_U = \frac{1}{4} \cdot \qquad (11)$$

(11) kann somit als *generalisierte Unschärferelation* für *beliebige reziproke Variable* im Sinne des Fourierschen Integraltheorems aufgefaßt werden. Sie gilt immer dann, wenn die Stochastik diskreter Parameter r und s durch die Spektraldichten $|f(r)|^2$ bzw. $|g(s)|^2$ einer einzigen, stetigen Leitfunktion $f(r)$ oder $g(s)$ bestimmt werden. Diese braucht nicht notwendig in allen Elementen observabel im Sinne einer Beobachtungsmethodik zu sein. Da nach dem Theorem die eine der beiden Funktionen gemäß (7) durch die andere völlig bestimmt, keine von beiden aber vor der anderen irgendwie ausgezeichnet ist, besteht bei Reziprozität stochastischer Elemente formal-mathematisch gewissermaßen eine „dialektische" Einheit [7]. In der mathematischen Ambivalenz dieser „Leitfunktion" (f oder g) kann man den Ausdruck des gleichen Dualitätsphänomens erblicken, das sich in der Quantenphysik in der K. kanonisch konjugierter Größen mit gegenseitiger Einschränkung ihrer genauen Bestimmbarkeit äußert. Auch hier ist „Projektion" stetiger („nomothetischer") Leitfunktionen auf Wellenzahlvektoren nach (7) allein charakteristisch für eine Unschärferelation, ohne daß ein raumzeitliches Entwicklungsgesetz für die Leitfunktion bekannt zu sein braucht. Das entspricht genau dem Umstande, daß z. B. in der Quantenmechanik die Heisenbergsche Unschärferelation unabhängig von einer speziellen Schrödinger-Gleichung gilt, die die ψ-Wellenausbreitung für das beobachtete Mikroobjekt regelt. Nomothetik der Leitfunktion und Unschärfe der von ihr gewissermaßen „stochastisch provozierten" Meßwerte schließen also einander nicht aus! Wesentlich ist, daß die Stetigkeitsvoraussetzungen für f bzw. g erfüllt sind, die die Bildung der Fourier-Integrale (7) erlaubt. Im allgemeinen werden f und g im Gegensatz zu den Häufigkeitsverteilungen H nach (6) Interferenzfähigkeit aufweisen, in völliger Übereinstimmung mit den Schrödingerschen ψ-Wellen.

Die hier dargelegte Zurückführung des Unschärfe-Prinzips (11) auf die Anwendbarkeit des Fourier-Integraltheorems ist natürlich rein formal und wegen der A-priori-Unbestimmtheit reziproker Variablen inhaltlich „leer". In dieser Abstraktheit liegt u. E. aber, wie noch dargestellt werden soll, die große heuristische Bedeutung für die Auffindung von Reziprozitäten auf beliebigem Gebiet. Die oben genannte Zurückführung ist offenbar hinreichend; daß sie in jedem Fall auch notwendig ist, kann nicht behauptet werden. Die praktische Anwendung sei mit dem Folgenden skizziert: Trägt man für ein Paar von meßbaren Parametern R und S, deren Produkt dimensionsfrei ist und die auf Reziprozität getestet werden sollen, die mittleren quadratischen Abweichungen $\overline{(\Delta R)^2}$ und $\overline{(\Delta S)^2}$ doppelt-logarithmisch gegeneinander auf, so muß sich Reziprozität darin äußern, daß die entstehende Punktwolke nach unten links hin durch die $-45°$-Gerade begrenzt wird, die dem Minimum des Unschärfeproduktes P

entsprechen würde (s. Abb. 1). Sie bedeckt also nur die Halbebene. Dieses Verhalten unterscheidet echte Reziprozität von bloßen Komplementationen. Für die praktische Durchführung ist wichtig, daß sich die Punktwolke genügend weit in den 2. und 4. Quadranten erstreckt, damit eine Begrenzung der geschilderten Art sicher erkannt werden kann. Das erfordert, daß Kollektive mit extrem großen Streuungen des einen Parameters und extrem kleinen des anderen in der Statistik enthalten sind. Eine wichtige Bedingung für die Auswahl eines Paares R und S ist, daß $R \cdot S$ eine unbenannte Zahl ist, mögen die Dimensionen der einzelnen Faktoren sein, welche sie wollen!

Die hier mit „Leitfunktion" bezeichnete Funktion f oder g kann durchaus komplex sein. Observabel im Sinne irgendeiner Beobachtungsmethodik braucht nur das Quadrat ihres Absolutbetrages zu sein. Damit kommt zum Ausdruck, daß nur ein Teil der Information, die sie darstellt, über die Stochastik, die $|f|^2$ bzw. $|g|^2$ vermitteln, wirksam

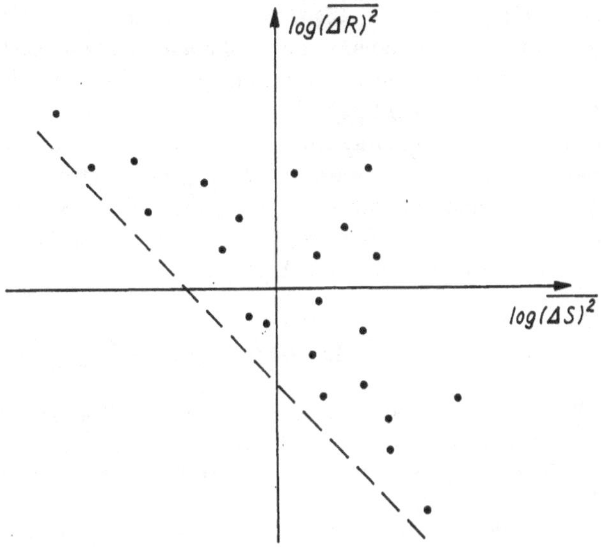

Abb. 1. Zum Test der Parameter R und S auf Reziprozität

wird. In der klassischen Physik liegt der Grenzfall vor, daß in deren Wellentheorien f und g selbst voll bekannt (voll observabel) sind und als Lösungen von Differentialgleichungen ein Entwicklungsgesetz in Raum und Zeit befolgen, das einen kausal verstandenen Determinismus darstellt. Stochastische Verunsicherungen gelten als grundsätzlich eliminierbar oder unterdrückbar. Eine Kausalität dieser Art wird von der Quantenphysik nicht eigentlich geleugnet [3], ist aber wegen der endlichen Größe von h, das hier den „stochastischen Respons" regelt, nicht uneingeschränkt beobachtbar. Das Prädikat „nomothetisch" scheint uns daher in jedem Fall für f bzw. g angebracht, wie andererseits „idiographisch" für den stochastischen Respons, der sich immer nur durch isolierte, indeterminierte Einzelprozesse äußert. Ihre Häufigkeit wird nach dem oben Gesagten durch $|f|^2$ bzw. $|g|^2$ nur statistisch geregelt.

Von hier aus gesehen wirft das erweiterte Komplementaritätsprinzip, die Reziprozität, neues Licht auf Windelbands bekannte Einteilung der Wissenschaften selbst in nomothetische (wie z. B. Mathematik, klassische Physik und Chemie) und idiographische (z. B. Geographie, Biologie, Geschichte) [8]. Sie unterscheiden sich durch die verschiedenartige Auswirkung, die die Reziprozität in ihnen zeigt und die unterschiedliche Bedeutung, die ihr beigemessen wird. Die nomothetischen Disziplinen beschränken sich auf den Gebrauch solcher Begriffe, die zu Parametern extrem kleiner Streuung führen, die idiographischen tun das Gegenteil: Ihnen sind stochastisch und spontan auftretende Einzelfälle oder Einzelereignisse wichtig und interessant. Je großer die Streuung, umso reichhaltiger das Wissen! Genaugenommen haben aber wohl alle Wissenschaften sowohl eine *nomothetische* als auch eine *idiographische* Seite, wie ihre modernen Entwicklungen deutlich zeigen, z. B. die Physik mit der Quantenphysik (s. hierzu den Beitrag von H.-G. Schöpf) oder auch die Biologie mit der Molekularbiologie (s. die Beiträge von W. Holzmüller und H. Berg). Diametral entgegengesetzte Extreme dürften, wie schon W. Windelband bemerkt hat, bei Geschichte einerseits und klassischer Physik andererseits liegen. Indessen laufen alle modernen Versuche, der *Geschichte* verborgene „Struktur" oder „Sinn" unterzulegen (Hegel, Marx, Spengler u. a.) darauf hinaus, auch in ihr *nomothetische* Leitfunktionen nicht direkt observablen Charakters wirksam zu sehen. Andererseits wurde mit dem mikrophysikalisch-stochastischen Elementargeschehen in der Physik (Boltzmann, Planck, Einstein, Bohr, Born) deren *idiographische* Seite aufgedeckt und damit der schroffe Gegensatz zwischen „exakt-naturwissenschaftlicher" und „historischer" Weltsicht verringert. Die moderne Thermodynamik der irreversiblen Prozesse und die Kosmologie seit Einstein, beide mit ihrer Einführung einer nicht umkehrbaren, mithin „historischen" Zeit, sind eindrucksvolle Beispiele hierfür.

Literatur

[1] Heitler, W.: Über die Komplementarität von lebloser und lebender Materie. — Akademie der Wissenschaften und der Literatur, Mainz 1976.

[2] Heisenberg, W.: Über den anschaulichen Inhalt der quantentheoretischen Kinematik und Mechanik. — Z. f. Phys. **43** (1927), 172—198.

[3] Heisenberg, W.: Die physikalischen Prinzipien der Quantentheorie. 2. Aufl. — Verlag von S. Hirzel, Leipzig 1941. II, 1. Die Unbestimmtheitsrelationen.

[4] Buchheim, W.: Die Schrödinger'sche Wellenmechanik als Beitrag zum quantenphysikalischen Naturverständnis. — Nova Acta Leopoldina. Abhandlungen der Deutschen Akademie der Naturforscher Leopoldina. Neue Folge, Nr. 239, Bd. 52 (1980).

[5] Schrödinger, E.: Abhandlungen zur Wellenmechanik. 2. Aufl. — Johann Ambrosius Barth, Leipzig 1928.

[6] Courant, R., und D. Hilbert: Methoden der mathematischen Physik I. 2. Aufl. — Julius Springer, Berlin 1931. § 6, S. 65—68.

[7] Klaus, G., und M. Buhr (Hrsg.): Philosophisches Wörterbuch, Bd. I, 12. Aufl. — VEB Bibliographisches Institut, Leipzig 1976.

[8] Windelband, W.: Geschichte und Naturwissenschaft. Straßburger Universitätsrede 1894. In: Präludien. Aufsätze und Reden zur Philosophie und ihrer Geschichte. 5., erw. Aufl., Bd. 2, S. 136—162. Tübingen 1915.

AUTORENVERZEICHNIS

Berg, Hermann, Dr. rer. nat., Prof. für physikalische Chemie, 6900 Jena, Greifbergstraße 15

Buchheim, Wolgfang, Dr. phil., em. o. Prof. für Theoretische Physik, 9200 Freiberg (Sachsen), Richard-Wagner-Straße 25

Drischel, Hans (†), Dr. med., o. Professor für Physiologie

Holzmüller, Werner, Dr. phil., em. o. Professor für Technische Physik, 7152 Böhlitz-Ehrenberg, Zum Forstgut 8

Jordan, Herbert, Dr. med., OMR, Honorarprofessor für Physiotherapie, 9933 Bad Elster, Karl-Marx-Straße 30

Lösche, Artur, Dr. phil., o. Professor für Experimentelle Physik, 7027 Leipzig, Egon-Erwin-Kisch-Weg 35

Lueken, Bernd Lueder (†), Dr. med., o. Professor für Physiologie

Müller, Hans Joachim, Dr. rer. nat., em. o. Professor für Zoologie, 6900 Jena, Prof.-Ibrahim-Straße 16

Neef, Ernst, Dr. phil., em. o. Professor für Geographie, 8019 Dresden, Florian-Geyer-Straße 44/032

Schöpf, Hans-Georg, Dr. rer. nat., o. Professor für Theoretische Physik, 8027 Dresden, Friedrich-Hegel-Straße 10

Heft 3 Prof. Dr. med. Georg Merrem, **Die parasagittalen Meningiome**
Zum Gedächtnis des Begründers der deutschen Neurochirurgie Prof. Dr. Fedor Krause 1857–1937
1971. 38 Seiten — 20 Abbildungen — 1 Tabelle — M 10,—

Heft 4 Prof. Dr. Maximilian Klinkowski, **Epidemien und Pandemien pflanzenpathogener Krankheitserreger in ihrer Beziehung zum Menschen**
1971. 54 Seiten — 41 Abbildungen — 4 Tabellen — 4° — M 10,70

Heft 5 Prof. Dr. Gustav E. R. Schulze und Dr. Peter Paufler, **Die plastische Verformung „spröder" intermetallischer Verbindungen und ihre Elementarprozesse**
1972. 24 Seiten — 14 Abbildungen — 11 Tabellen — 4° — M 5,40

Band 52

Heft 1 Prof. Dr. Kurt Mothes, **Über sekundäre Pflanzenstoffe**
1972. 29 Seiten — 18 Abbildungen — 4° — M 5,50

Heft 2 Prof. Dr. Dietrich Uhlmann, **Störungen des biologischen Gleichgewichts in Gewässern**
1973. 17 Seiten — 16 Abbildungen — 4° — M 4,50

Heft 3 Felix Lampadius, **Beitrag zum Nachweis der Wertminderung des Waldes als Folge von Immissionseinwirkung**
1974. 27 Seiten — 4 Abbildungen — 8 Tabellen — 4° — M 6,50

Heft 4 Dr. Manfred Klose, **Beiträge zur D- und V-Struktur von Wasser und speziellen wäßrigen Elektrolytlösungen**
1974. 63 Seiten — 22 Abbildungen — 21 Tabellen — 4° — M 16,—

Heft 5 Prof. Dr. med. Horst Hanson, **Eiweißumsatz und Differenzierungsvorgänge tierischer Zellen**
1974. 26 Seiten — 13 Abbildungen — 9 Tabellen — 4° — M 6,—

Band 53

Heft 1 **3. Internationales Symposium über Probleme der Passivität von Metallen**
(Technische Universität Dresden, 29.—31. 5. 1975)
1979. 171 Seiten — 150 Abbildungen, davon 26 auf 10 Tafeln — 27 Tabellen — 4° M 42,—

Heft 2 Prof. Dr. Lothar Jentsch, **Zur Existenz von regulären Lösungen der Elastostatik stückweise homogener Körper mit neuen Kontaktbedingungen an den Trennflächen zwischen zwei homogenen Teilen**
1977. 45 Seiten — 4° — M 18,—

Heft 3 Prof. Dr.-Ing. Dr. h. c. mult. Kurt Schwabe und Dr. Christian Queck, **Freie Überführungsenthalpien von Einzelionen aus Wasser in organische Solventien. Eine kritische Übersicht**
1979. 104 Seiten — 38 Abbildungen — 47 Tabellen — 4° — M 22,—

Heft 4 Dr. Karl Strehmel, **Näherungsmethoden zur Ermittlung von transsonischen Profilströmungen mit Verdichtungsstößen**
1978. 78 Seiten — 25 Abbildungen — 4° — M 23,—

Band 54

Heft 1 Prof. Dr. phil. Ernst Neef, **Analyse und Prognose von Nebenwirkungen gesellschaftlicher Aktivitäten im Naturraum**
Mit Beiträgen von A. Bernhardt, K. D. Jäger und K. Mannsfeld
1979. 70 Seiten — 7 Abbildungen — 1 Falttafel — 2 Tabellen — gr. 8° — M 13,50

Heft 2 Dr. Gunter Kabisch, **Schwingungsspektroskopische und Kernresonanzuntersuchungen an Tetraalkylammoniumsalzlösungen**
1979. 71 Seiten — 29 Abbildungen — 11 Tabellen — gr. 8° — M 14,—

Heft 3 Prof. Dr. Dietrich Uhlmann, **Künstliche Ökosysteme**
1980. 34 Seiten — 17 Abbildungen — 2 Tabellen — gr. 8° — M 5,50

Heft 4 Prof. Dr. Hermann Berg, **Der Formenwandel einer DNA-Doppelhelix in Lösung, an der Elektrode und seine molekularbiologische Bedeutung**
1981. 45 Seiten — 40 Abbildungen — 3 Tabellen — gr. 8° — M 8,50

Heft 5 Prof. Dr. Manfred Gersch, **Zur Evolution des Hormonsystems im Tierreich**
1982. 33 Seiten — 6 Abbildungen — 12 Tabellen — gr. 8° — M 5,50

Band 55

Heft 1 Prof. Dr. Herbert Jordan, **Aug' um Ohr: Goethes Zugang zur Musik**
1982. 39 Seiten — 4 Abbildungen — 8° — M 7,50

Heft 2 Prof. Dr. Wilhelm Oelssner, **Computertomographie, Eine Übersicht**
1983. 36 Seiten — 41 Abbildungen — gr. 8° — M 7,50

Heft 3 Prof. Dr. Karl Mannsfeld, **Landschaftsanalyse und Ableitung von Naturraumpotentialen**
In Vorbereitung

Heft 4 Prof. Dr. Diertich Uhlmann, **Ökologische Probleme der Trinkwassergewinnung aus Talsperren**
In Vorbereitung

Heft 5 Herausgeber: Prof. Dr. Wolfgang Buchheim, **Beiträge zur Komplementarität**
Vorliegendes Heft

Bis Band 28 vom Zentralantiquariat der Deutschen Demokratischen Republik, Leipzig, ab Band 49 vom Akademie-Verlag, Berlin, zum Teil noch lieferbar

Bestellungen einzeln oder zur Fortsetzung durch eine Buchhandlung erbeten

AKADEMIE-VERLAG
DDR-1086 Berlin, Leipziger Straße 3—4

FSC
www.fsc.org
MIX
Papier | Fördert
gute Waldnutzung
FSC® C083411

Zeitfracht Medien GmbH
Ferdinand-Jühlke-Straße 7
99095 Erfurt, Deutschland
produktsicherheit@kolibri360.de